普通高等教育"十三五"规划教材

环境工程设计图集

张　晶　王秀花　王向举　主编

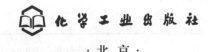
化学工业出版社

·北京·

《环境工程设计图集》是高等院校环境工程专业的综合课程设计、毕业设计等专业实践性的教材。《环境工程设计图集》根据环境工程专业培养目标和教学大纲的要求进行编写，针对性强，内容翔实，具有较强的理论性、实践性和可操作性。

全书共分为8章，从专业设计的角度，汇编了环境工程设计中不同环境要素污染治理工程的8套设计图纸，分别针对净水厂处理、生活污水处理、工业废水处理、污泥处理及回用、人工湿地、生活垃圾处理、医疗垃圾处理、噪声处理等工程进行详细的工艺设计和说明。工程设计图纸内容丰富，知识面广泛，具有重要的参考学习价值。

本书可供高等院校环境工程、环境科学、给排水工程、市政工程等专业的学生以及环境工程领域的从业人员学习与参考。

图书在版编目（CIP）数据

环境工程设计图集/张晶，王秀花，王向举主编. —北京：化学工业出版社，2017.9（2025.2重印）
普通高等教育"十三五"规划教材
ISBN 978-7-122-29676-4

Ⅰ.①环…　Ⅱ.①张…②王…③王…　Ⅲ.①环境工程-设计-图集　Ⅳ.①X505-64

中国版本图书馆CIP数据核字（2017）第101048号

责任编辑：满悦芝　　　　　　　　　　文字编辑：荣世芳
责任校对：王素芹　　　　　　　　　　装帧设计：刘丽华

出版发行：化学工业出版社（北京市东城区青年湖南街13号　邮政编码100011）
印　　装：涿州市般润文化传播有限公司
787mm×1092mm　1/8　印张20¼　字数555千字　2025年2月北京第1版第4次印刷

购书咨询：010-64518888　　　　　　售后服务：010-64518899
网　　址：http://www.cip.com.cn
凡购买本书，如有缺损质量问题，本社销售中心负责调换。

定　　价：49.80元

环境工程设计图集编写人员名单

主　　　编　张　晶　大连大学

王秀花　中国市政工程东北设计研究总院有限公司

王向举　中国市政工程西北设计研究院有限公司

副　主　编　潘立卫　大连大学

李　轶　河海大学

王　静　大连理工大学环境工程设计研究院有限公司

蔡小健　厦门市市政工程设计院

金若菲　大连理工大学

丁光辉　大连海事大学

王嘉斌　济南大学

李　军　湖北工程学院

参加编写人员　崔福旭　夏平辉　任国宏　王煜鑫　王国栋　张　莉　于　驰

陈淑花　陈　海　张广大　赵　蕾　孙　锐　校彦刚　刘小雷

刘海臣　韩旭东　孙国欣　陈立宁　王伟艳　王　岚　俞　科

蒋红波　李立峥　张庆东　祝雄涛　万金柱　贾　斌　刘大钧

田海涛　刘　波　张宏宇　步　超　何宏敏　卢玉红　卢志成

吴　静　张云霞　王　平　关晓燕　魏俊峰　于淑萍　汪　林

郑国侠　陈丽荣　袁新民　杨玉锁　马　虹　孙　强　王亚南

王子超　张　路　王　帆　严　红　朱　波　周　毅　裴　婕

丁仕强　李　丹

特　别　鸣　谢　哈尔滨工业大学市政与环境工程学院　给排水 97-2 班全体同学

前　言

　　《环境工程设计图集》根据环境工程专业教学大纲要求，针对环境工程专业学生前期学习过环境工程专业知识，具有一定的污染控制理论基础，以环境工程设计为主线，对所学专业理论的综合、深化，结合实践中的要求、标准和规范等因素编写，使学生通过学习本教材达到具体应用的目的。书中通过大量实际工程案例，使学生理解和掌握所学知识在实际工程设计中如何应用，以及提高学生的绘图能力和解决实际环境问题的能力，力图弥补教育与实际工作的差距，起到承前启后的作用。本书对培养学生的动手能力和解决实际工程问题的能力起着十分重要的作用。

　　全书共分为8章，主要内容包括：污水处理工程设计3套图纸，污泥处理工程设计1套图纸，人工湿地生态处理工艺设计1套图纸、生活垃圾处理工程设计1套图纸、医疗垃圾处理工程设计1套图纸、噪声处理工程设计1套图纸。

　　《环境工程设计图集》以处理流程的设计过程为主线，对污染源的确定、工艺流程选择、构筑物、设备与管道、净化系统工程图的绘制等内容进行了全面系统的设计，选编了有关水、气、垃圾、噪声等控制系统的设计实例，使学生在达到基本毕业设计要求的基础上，熟悉环境工程各领域设计的特点，了解相关设计规范并获知相应设计经验，有助于学生理清思路，从而做出更好的环境工程设计，同时也能为学生将来从事相关领域工作打下基础。

　　《环境工程设计图集》内容若与国家颁布的新标准规范有不符之处，应按公布有关标准规范执行之。

　　《环境工程设计图集》在编写过程中，得到了有关设计院和使用单位的协作和支持，在此谨致谢意。

　　由于编写时间紧迫，编者水平有限，缺乏经验，书中难免有疏漏之处，恳请读者批评指正。

张晶

2017 年 9 月

目　　录

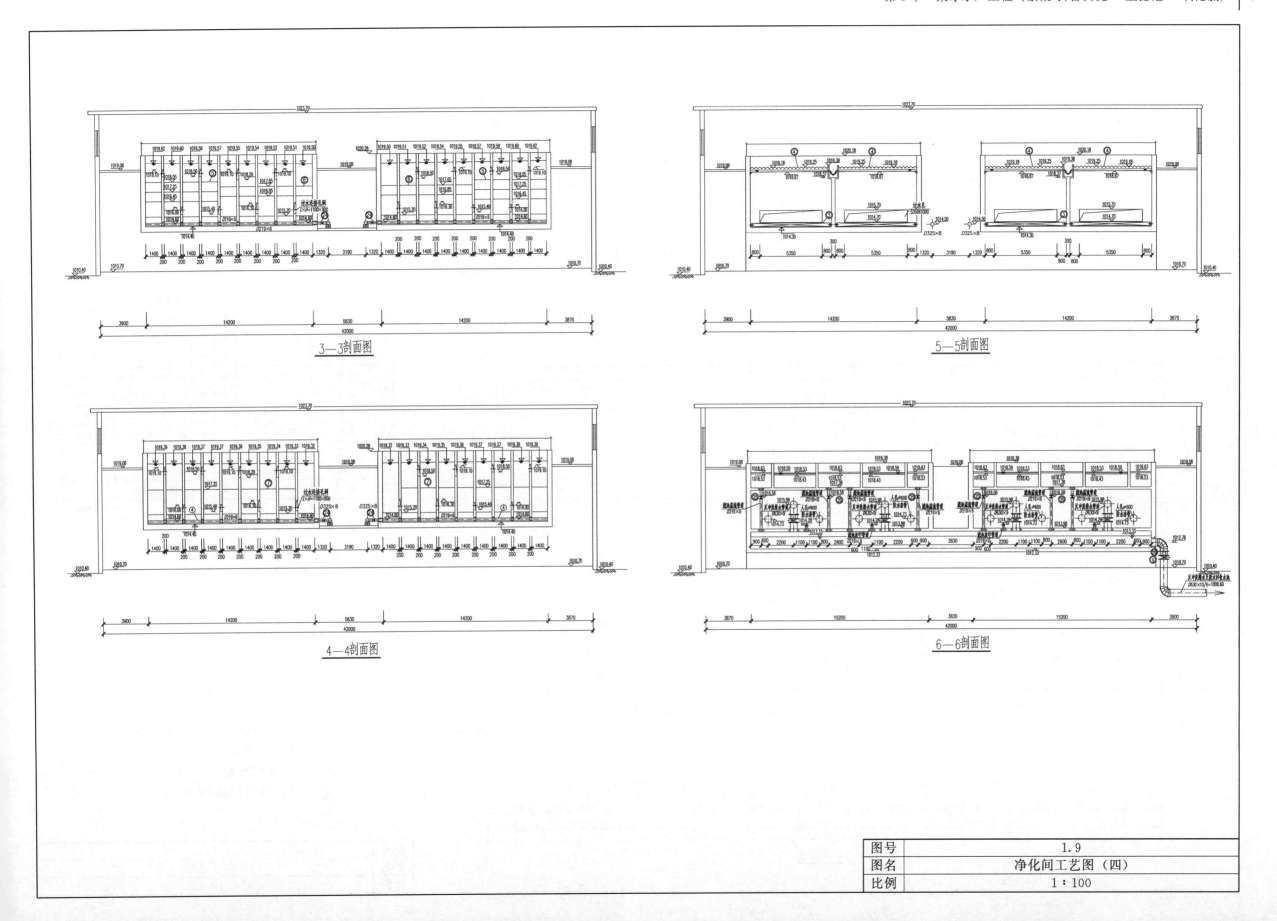

3—3剖面图

5—5剖面图

4—4剖面图

6—6剖面图

图号	1.9
图名	净化间工艺图（四）
比例	1：100

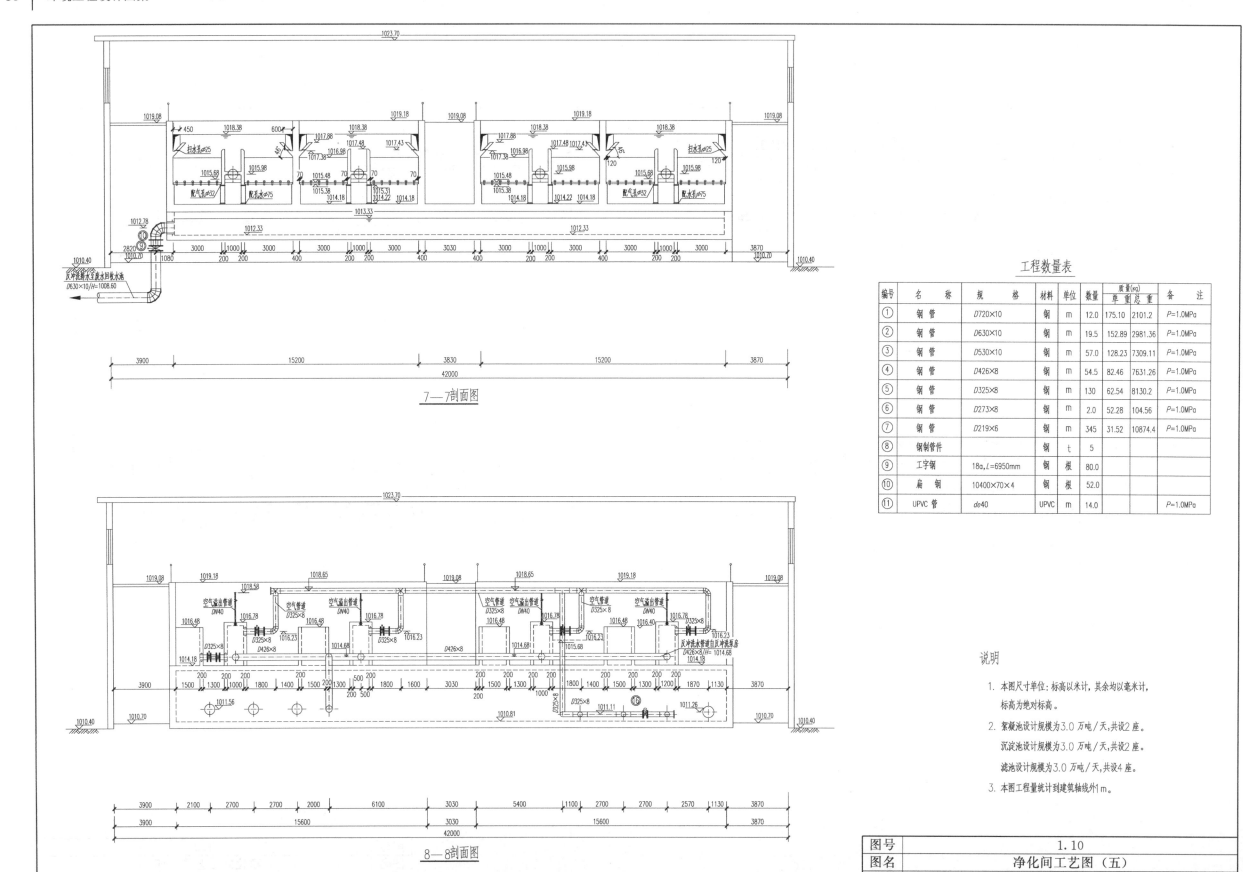

7—7剖面图

8—8剖面图

工程数量表

编号	名 称	规 格	材料	单位	数量	质量(kg)单重	质量(kg)总重	备 注
①	钢管	D720×10	钢	m	12.0	175.10	2101.2	P=1.0MPa
②	钢管	D630×10	钢	m	19.5	152.89	2981.36	P=1.0MPa
③	钢管	D530×10	钢	m	57.0	128.23	7309.11	P=1.0MPa
④	钢管	D426×8	钢	m	54.5	82.46	7631.26	P=1.0MPa
⑤	钢管	D325×8	钢	m	130	62.54	8130.2	P=1.0MPa
⑥	钢管	D273×8	钢	m	2.0	52.28	104.56	P=1.0MPa
⑦	钢管	D219×6	钢	m	345	31.52	10874.4	P=1.0MPa
⑧	钢制管件		钢	t	5			
⑨	工字钢	18a,L=6950mm	钢	根	80.0			
⑩	扁钢	10400×70×4	钢	根	52.0			
⑪	UPVC管	de40	UPVC	m	14.0			P=1.0MPa

说明

1. 本图尺寸单位:标高以米计,其余均以毫米计,标高为绝对标高。

2. 絮凝池设计规模为3.0万吨/天,共设2座。
   沉淀池设计规模为3.0万吨/天,共设2座。
   滤池设计规模为3.0万吨/天,共设4座。

3. 本图工程量统计到建筑轴线外1m。

图号	1.10
图名	净化间工艺图（五）
比例	1:100

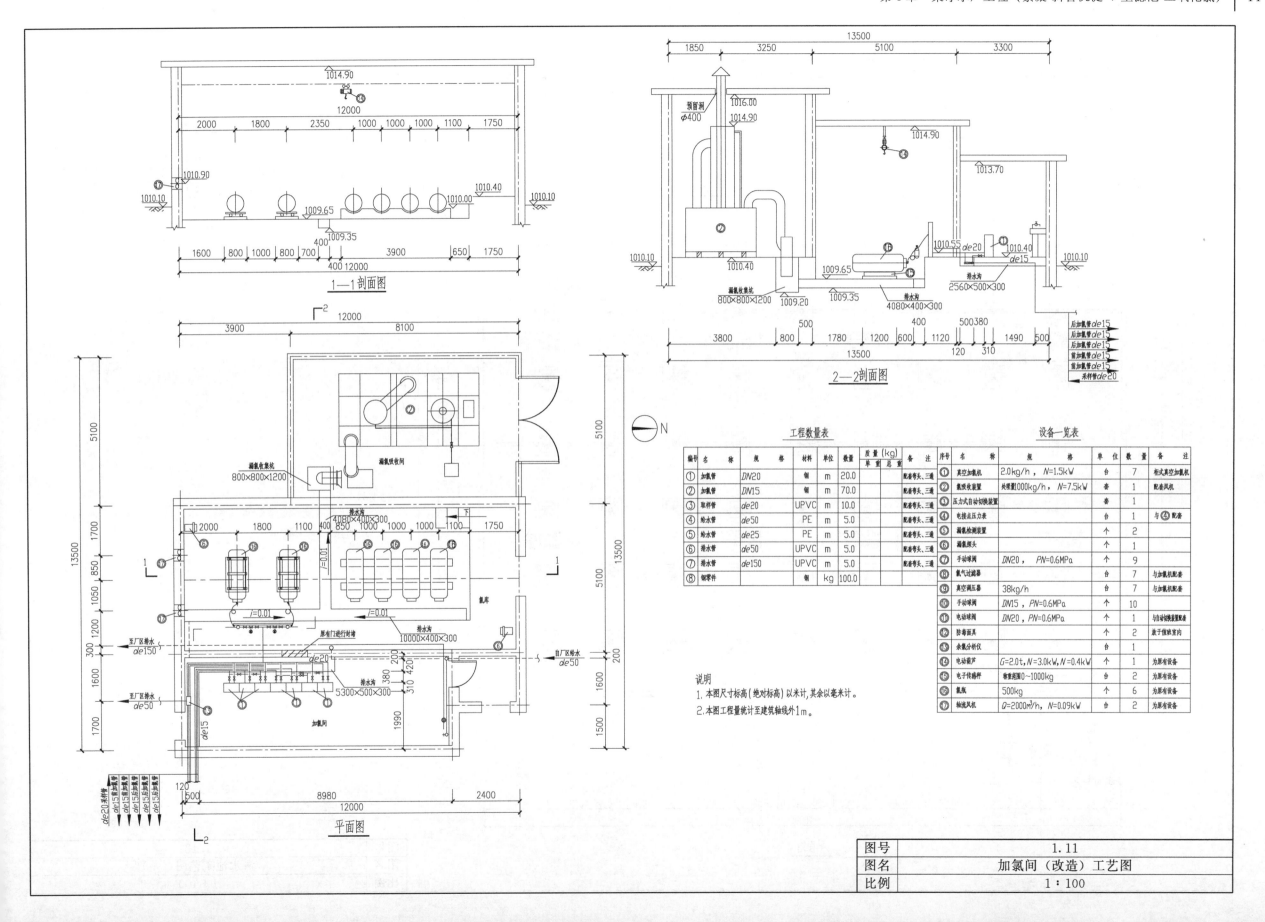

1—1 剖面图

2—2 剖面图

平面图

工程数量表

编号	名　称	规　格	材料	单位	数量	质量(kg) 单重	质量(kg) 总重	备　注
①	加氯管	DN20	钢	m	20.0			配套弯头、三通
②	加氯管	DN15	钢	m	70.0			配套弯头、三通
③	采样管	de20	UPVC	m	10.0			配套弯头、三通
④	给水管	de50	PE	m	5.0			配套弯头、三通
⑤	给水管	de25	PE	m	5.0			配套弯头、三通
⑥	排水管	de50	UPVC	m	5.0			配套弯头、三通
⑦	排水管	de150	UPVC	m	5.0			配套弯头、三通
⑧	钢零件		钢	kg	100.0			

设备一览表

序号	名　称	规　格	单位	数量	备　注
①	真空加氯机	2.0kg/h，N=1.5kW	台	7	柜式真空加氯机
②	氯吸收装置	处理量1000kg/h，N=7.5kW	套	1	配套风机
③	压力式自动切换装置		套	1	
④	电接点压力表		台	1	与④配套
⑤	漏氯检测装置		个	2	
⑥	漏氯探头		个	1	
⑦	手动球阀	DN20，PN=0.6MPa	个	9	
⑧	氯气过滤器		台	7	与加氯机配套
⑨	真空调压器	38kg/h	台	7	与加氯机配套
⑩	手动球阀	DN15，PN=0.6MPa	个	10	
⑪	电动球阀	DN20，PN=0.6MPa	个	1	与自动切换装置配套
⑫	防毒面具		个	2	放于值班室内
⑬	余氯分析仪		个	1	
⑭	电动葫芦	G=2.0t，N=3.0kW，N=0.4kW	个	1	为原有设备
⑮	电子传感杆	称重范围0~1000kg	台	2	为原有设备
⑯	氯瓶	500kg	个	6	为原有设备
⑰	轴流风机	Q=2000m³/h，N=0.09kW	台	2	为原有设备

说明
1. 本图尺寸标高（绝对标高）以米计，其余以毫米计。
2. 本图工程量统计至建筑轴线外1m。

图号	1.11
图名	加氯间（改造）工艺图
比例	1：100

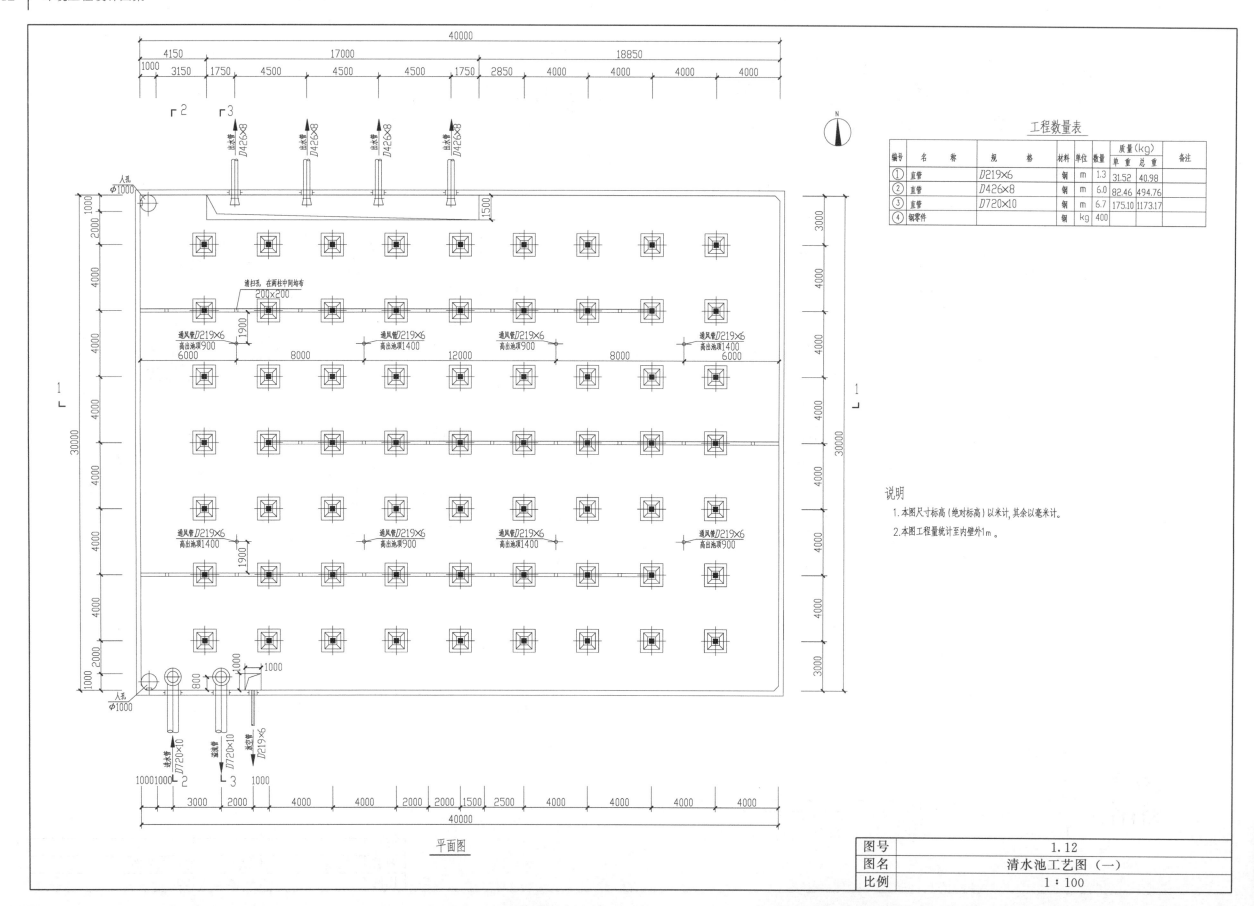

平面图

工程数量表							
编号	名 称	规 格	材料	单位	数量	质量(kg) 单 重	质量(kg) 总 重	备注
①	直管	D219×6	钢	m	1.3	31.52	40.98	
②	直管	D426×8	钢	m	6.0	82.46	494.76	
③	直管	D720×10	钢	m	6.7	175.10	1173.17	
④	钢零件		钢	kg	400			

说明

1. 本图尺寸标高（绝对标高）以米计，其余以毫米计。

2. 本图工程量统计至内壁外1m。

图号	1.12
图名	清水池工艺图（一）
比例	1：100

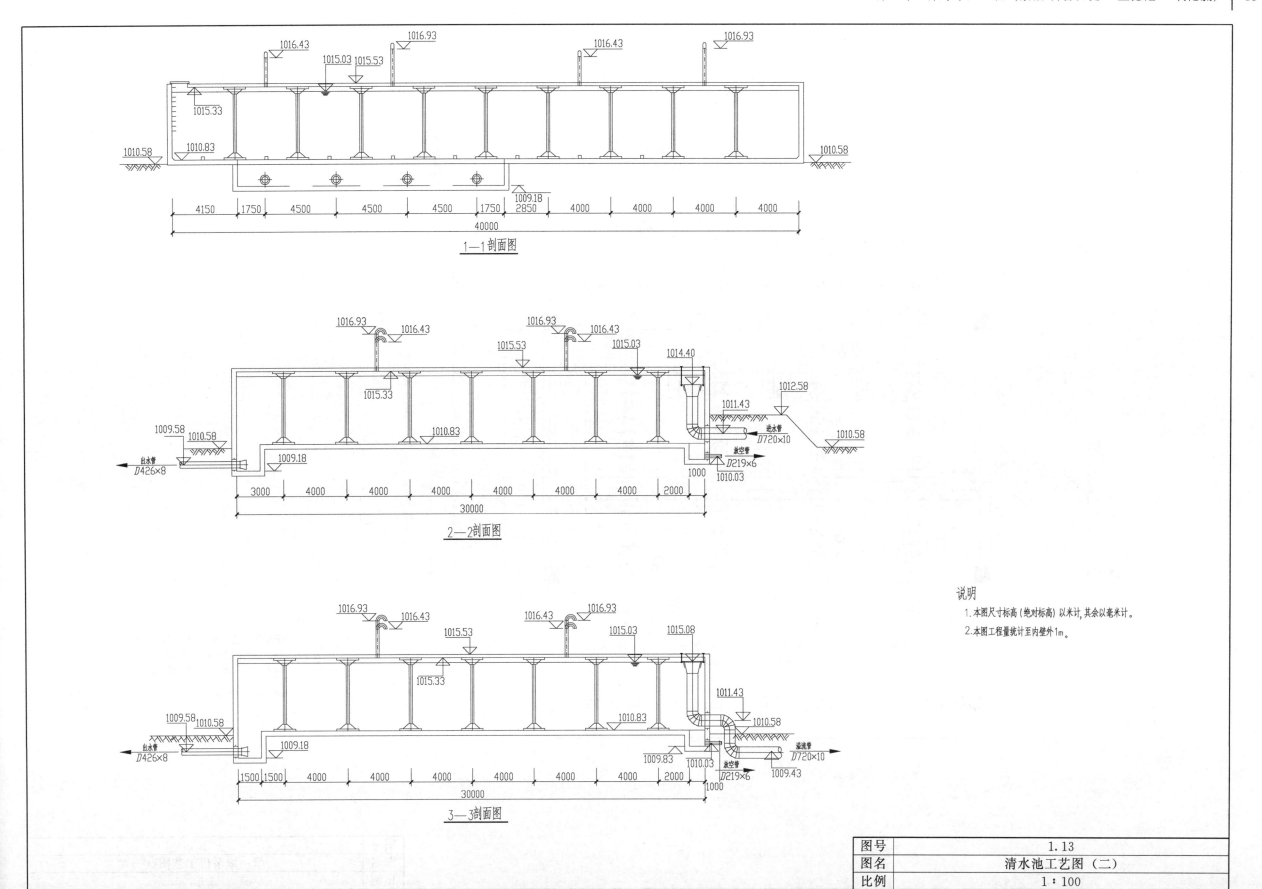

1—1剖面图

2—2剖面图

3—3剖面图

说明

1. 本图尺寸标高（绝对标高）以米计，其余以毫米计。

2. 本图工程量统计至内壁外1m。

图号	1.13
图名	清水池工艺图（二）
比例	1：100

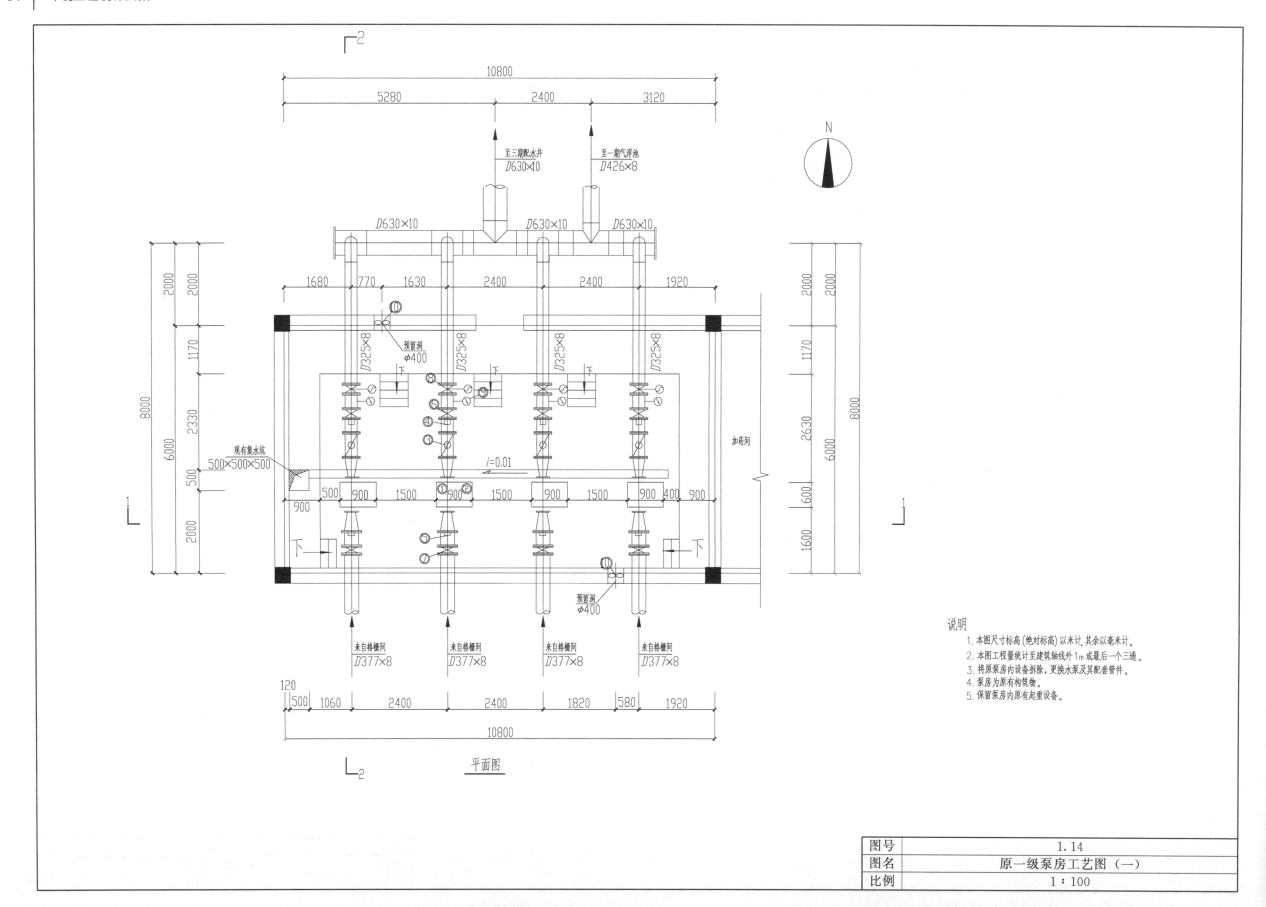

平面图

说明
1. 本图尺寸标高(绝对标高)以米计,其余以毫米计。
2. 本图工程量统计至建筑轴线外1m或最后一个三通。
3. 将原泵房内设备拆除,更换水泵及其配套管件。
4. 泵房为原有构筑物。
5. 保留泵房内原有起重设备。

图号	1.14
图名	原一级泵房工艺图(一)
比例	1:100

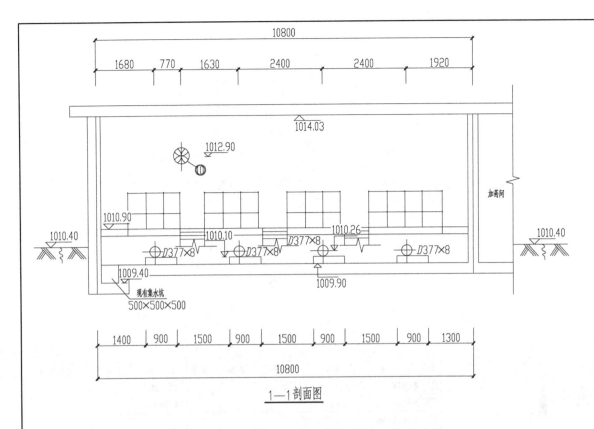

1—1 剖面图

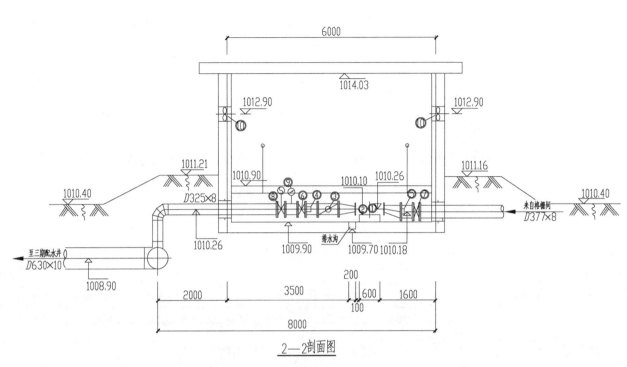

2—2 剖面图

设备一览表

编号	名　称	规　格	单位	数量	备　注
①	立式离心泵	$Q=460m^3/h$，$H=15m$	台	4	3用备3台变频泵
②	配套电动机	$N=30kW$	台	4	与离心泵配套提供
③	多功能水泵控制阀	$DN300$，$P=1.0MPa$	个	4	
④	双法兰式限位伸缩节	$DN300$，$P=1.0MPa$	个	4	
⑤	双法兰式限位伸缩节	$DN350$，$P=1.0MPa$	个	4	
⑥	双法兰手动蝶阀	$DN300$，$P=1.0MPa$	个	4	
⑦	双法兰手动蝶阀	$DN350$，$P=1.0MPa$	个	4	
⑧	双法兰电动蝶阀	$DN300$，$P=1.0MPa$，$N=0.75kW$	个	4	
⑨	压力表	$P=1.0MPa$	个	4	与泵配套提供
⑩	轴流风机	$Q=18.2m^3/min$，$N=0.12kW$	台	2	

工程数量表

编号	名　称	规　格	材料	单位	数量	质量(kg) 单重	质量(kg) 总重	备　注
①	钢短管	$D630×10$	钢	m	8.7	128.23	1115.601	
②	钢短管	$D377×8$	钢	m	7.2	72.8	524.16	
③	钢短管	$D325×8$	钢	m	9.84	62.54	615.394	
④	钢零件		钢	t	0.5			

说明
1. 本图尺寸标高（绝对标高）以米计，其余以毫米计。
2. 本图工程量统计至建筑轴线外1m或最后一个三通。
3. 将原泵房内设备拆除，更换水泵及其配套管件。
4. 泵房为原有构筑物。
5. 保留泵房内原有起重设备。

图号	1.15
图名	原一级泵房工艺图（二）
比例	1：100

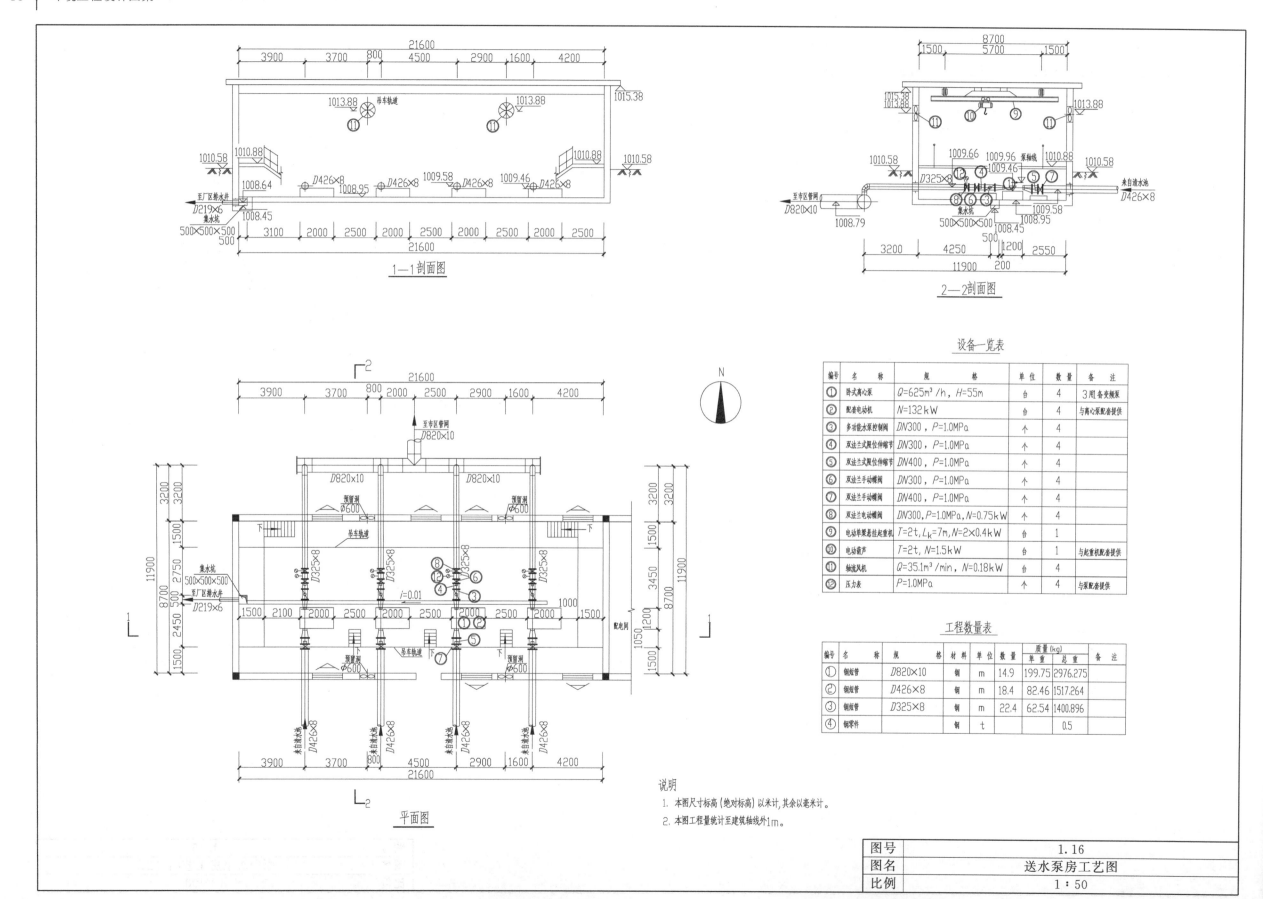

1—1剖面图

2—2剖面图

平面图

设备一览表

编号	名 称	规 格	单位	数量	备 注
①	卧式离心泵	$Q=625m^3/h$, $H=55m$	台	4	3用1备变频泵
②	配套电动机	$N=132kW$	台	4	与离心泵配套提供
③	多功能水泵控制阀	$DN300$, $P=1.0MPa$	个	4	
④	双法兰限位式伸缩节	$DN300$, $P=1.0MPa$	个	4	
⑤	双法兰限位式伸缩节	$DN400$, $P=1.0MPa$	个	1	
⑥	双法兰手动蝶阀	$DN300$, $P=1.0MPa$	个	4	
⑦	双法兰手动蝶阀	$DN400$, $P=1.0MPa$	个	1	
⑧	双法兰电动蝶阀	$DN300$,$P=1.0MPa$,$N=0.75kW$	个	4	
⑨	电动单梁悬挂起重机	$T=2t$,$L_k=7m$,$N=2×0.4kW$	台	1	
⑩	电动葫芦	$T=2t$, $N=1.5kW$	台	1	与起重机配套提供
⑪	轴流风机	$Q=35.1m^3/min$, $N=0.18kW$	台	4	
⑫	压力表	$P=1.0MPa$	个	4	与泵配套提供

工程数量表

编号	名 称	规 格	材料	单位	数量	质量(kg) 单重	质量(kg) 总重	备 注
①	钢短管	$D820×10$	钢	m	14.9	199.75	2976.275	
②	钢短管	$D426×8$	钢	m	18.4	82.46	1517.264	
③	钢短管	$D325×8$	钢	m	22.4	62.54	1400.896	
④	钢紧件		钢	t			0.5	

说明

1. 本图尺寸标高（绝对标高）以米计，其余以毫米计。

2. 本图工程量统计至建筑轴线外1m。

图号	1.16
图名	送水泵房工艺图
比例	1：50

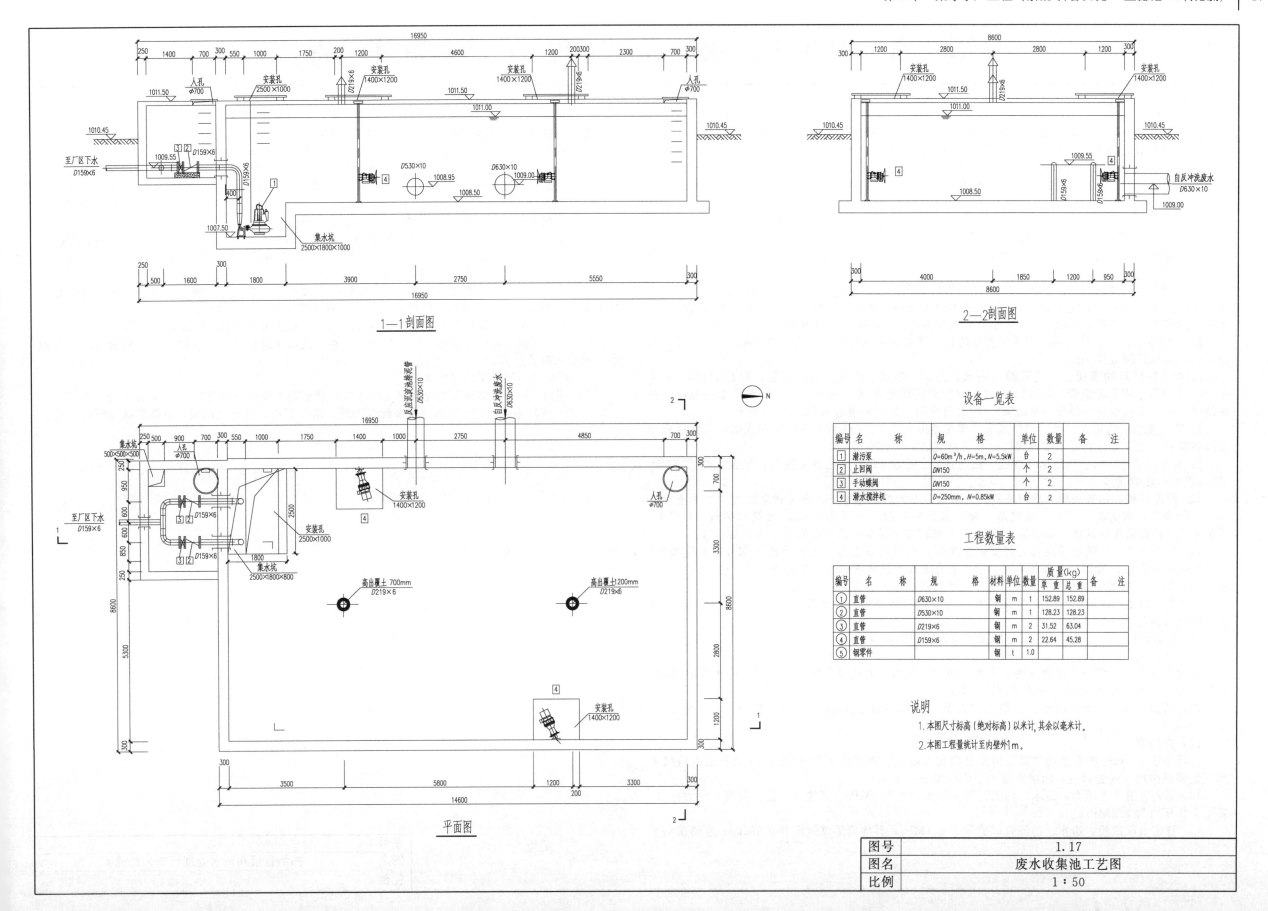

1—1剖面图

2—2剖面图

平面图

设备一览表

编号	名　　称	规　　格	单位	数量	备注
①	潜污泵	$Q=60m^3/h$, $H=5m$, $N=5.5kW$	台	2	
②	止回阀	DN150	个	2	
③	手动蝶阀	DN150	个	2	
④	潜水搅拌机	$D=250mm$, $N=0.85kW$	台	2	

工程数量表

编号	名　称	规　格	材料	单位	数量	单重	总重	备注
①	直管	$D630\times10$	钢	m	1	152.89	152.89	
②	直管	$D530\times10$	钢	m	1	128.23	128.23	
③	直管	$D219\times6$	钢	m	2	31.52	63.04	
④	直管	$D159\times6$	钢	m	2	22.64	45.28	
⑤	钢零件		钢	t	1.0			

（质量（kg））

说明

1. 本图尺寸标高（绝对标高）以米计，其余以毫米计。

2. 本图工程量统计至内壁外1m。

图号	1.17
图名	废水收集池工艺图
比例	1:50

第 2 章　乌尔禾污水处理厂工程（CAST-紫外消毒）

×××污水处理工程设计总说明

1. 工程规模：×××污水处理厂工程近期（2015 年）设计规模为 0.6 万吨/日，远期（2020 年）1.2 万吨/日，规划总占地 2.56ha，其中近期工程占地 2.22ha。

2. 本工程污水处理厂为新建工程，施工图设计图纸高程及地勘系依据建设单位提供的岩土工程勘察（详勘）报告（2011 年 5 月版）进行编制。

3. 本图采用坐标为北京坐标系，建筑坐标 $\frac{A=0.00}{B=0.00}$ 点相当于测量坐标 $\frac{X=5103960.007}{Y=402449.385}$，建筑坐标 A 轴相对于测量坐标 X 轴北偏西 40.39°。

4. 本图中坐标：建筑物为轴线坐标，方形池子为内壁坐标，道路为中心坐标，围墙为铁艺围墙中心坐标，井为井中心坐标。

5. 尺寸标注：本工程标高、坐标以米计，管径为毫米计。平面图中给水消防管道、工艺管道、污泥管道、超越管道、空气管道、压力流排水管道的标高为管中心标高，以▽表示；重力流排水管道标高为管内底标高以▼表示，建筑物室内地面标高以▽表示，室外地面标高以▽表示。

6. 工程数量：单位建（构）筑物工程量统计到建筑物轴线或构筑物内壁外 1m；管道工程量统计至污水处理厂围墙外 1m。

7. 本工程管材的选用：工艺管线（污水、污泥、超越、空气）采用钢管，管径 $D108×4$ 至 $D325×8$ 钢管采用无缝钢管，$D325×8$ 以上钢管采用螺旋埋弧焊钢管；厂区排水管采用地埋式钢带增强聚乙烯双壁螺旋波纹管（HDPE）；给水及消防水管线采用给水 PE 管。

8. 管道支墩：管道在三通、阀门以下、弯头角度大于 22.5°的位置应设固定支墩，支墩后背应支撑在原状土上，支墩详见《柔性接口给水管道支墩》（03SS505）。

9. 本工程管道接口：钢管采用焊接、法兰连接；给水 PE 管采用热熔接口；聚氯乙烯管（UP-VC）采用电热熔接口。

10. 管道基础：钢管采用天然地基基础，敷设前将天然地基整平。避免扰动原土，如原土被扰动，必须夯实，密实度≥97%。遇较差土质，采用砂基础，厚度 200mm；聚氯乙烯管（UPVC）及给水用 PE 管采用砂基础，厚度为 200mm，若遇较差土质需与设计院联系采用其他措施。

11. 管道交叉：厂区电缆沟与工艺管道交叉时，电缆沟在上方，工艺管道可部分穿越电缆沟，详见相关专业图纸。管道交叉处的施工，应本着自下而上的原则进行，管道交叉时，上层管道应落在可靠基础上，基础一般用混凝土或素土夯实后垫砂，管沟回填土密度应在 95% 以上。

12. 管道防锈、防腐：所有钢管及钢管件均需作防腐处理，所有管道内外防腐进行前必须除锈，除锈等级达到 Sa2.5 级。

13. 防腐材料采用经国家卫生部门审批，允许使用的材料。

（1）外防腐

室内外露管道：管道外表面除锈、清理干净后，采用环氧瓷漆，加强级（结构层为底漆-面漆-面漆、玻璃丝布、面漆-面漆，干膜厚度≥0.4mm）。

埋地管道：环氧煤沥青防腐层，采用加强级（结构层为底漆-面漆-面漆、玻璃丝布、面漆-面漆，干膜厚度≥0.4mm）。

（2）内防腐

管径小于 500mm 的管道内防腐采用无毒白磁漆浸泡；管径大于等于 500mm 的管道内防腐采用环氧树脂涂料，底漆两道，面漆两道，干膜厚度 20～40μm。

14. 工艺管道工作压力：给水、污泥管道工作压力为 0.6MPa，其他（工艺、空气、压力排水）管道工作压力为 0.2MPa。

15. 管道水压试验：给水、污泥管试验压力 1.1MPa，其他管道试验压力 0.9MPa；管道渗漏量严格按照《给水排水管道工程施工及验收规范》（GB 50268—2008）执行。

16. 井的井盖、井座、爬梯见 S147/17-5、S147/17-6、S147/17-15。

阀门井、流量计井施工前应与所采购的阀门、流量计核对安装及操作尺寸，确认无误后施工。

17. 沟槽开挖与回填：管道施工应自下而上，即先安装埋深最大的管道，并分层夯实一直到上一层管底，使土壤密实度大于 97% 以上，然后再施工上层的管道，相距较近的两根管道宜同时开挖施工，以免开挖时相互扰动，沟槽回填：不允许用大于 35mm 的石块、杂土、淤泥回填。

18. 重力排水管施工及验收参照《埋地排水用钢带增强聚乙烯螺旋波纹管管道工程技术规程》（CECS223：2007）有关规定执行。PE 给水管施工及验收参照《埋地聚乙烯给水管道工程技术规程》（CJJ 101—2004、J 362—2004）有关规定执行。

19. 厂区内管道覆土厚度小于 1.6m 的管线须采取保温措施，具体做法如下：采用 50mm 硬质聚氨酯泡沫塑料保温，保温层外做保护套管，套管材质由甲方就地取材。

20. 管线施工时，先放线后施工，各种管线的位置距离可根据实际情况适当调整。

21. 厂区道路坐标以建筑图为准。厂内另设移动式潜水排污泵，用以排出构筑物放空井中的积水，出水用软管连接。

22. 厂区雨水依靠道路路面散排。

23. 其他：所有管道施工均应遵照《给水排水管道施工及验收规范》（GB 50268—2008）执行。

厂区（建）构筑物施工详见结构图纸及建筑图纸，电气管沟详见电气图纸，供热管线见暖通图纸。

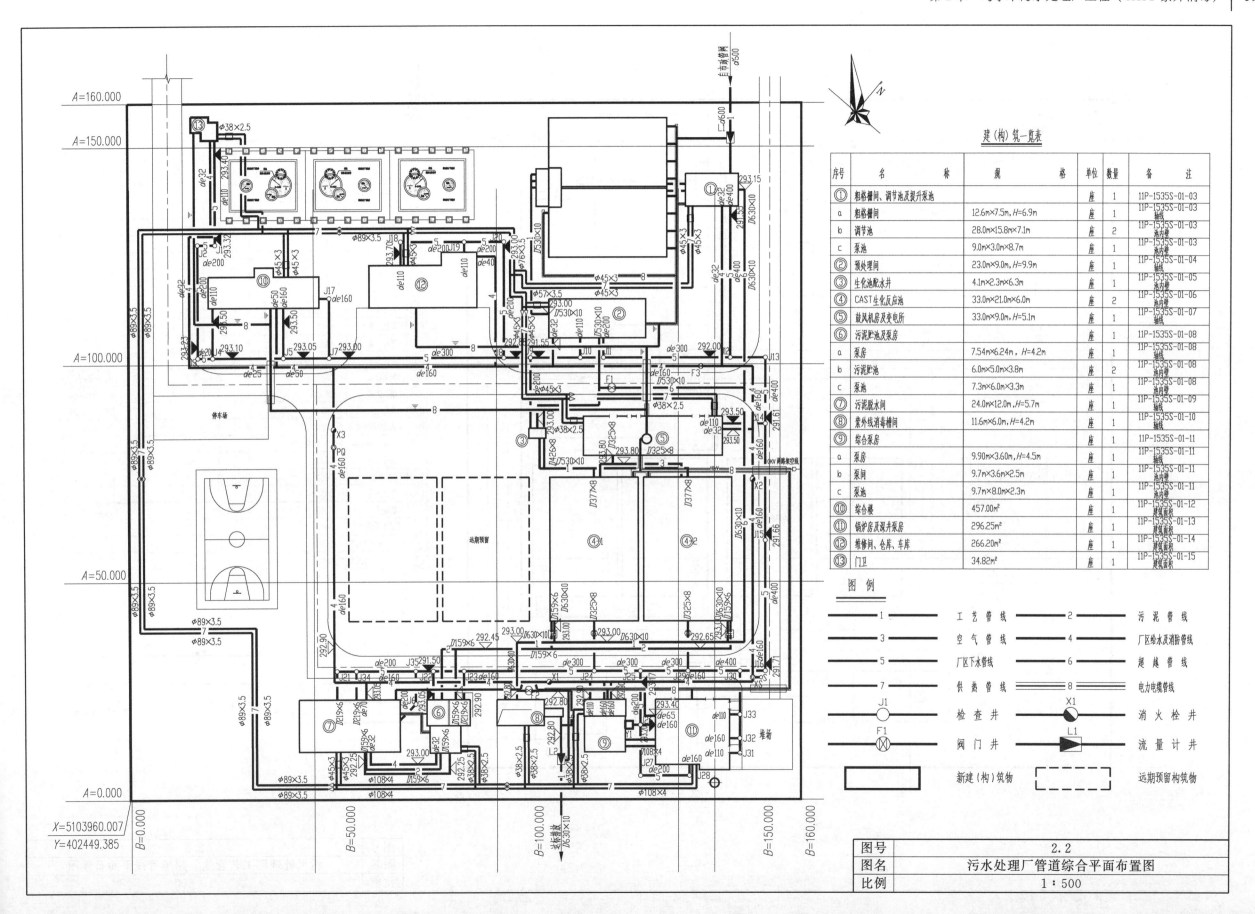

建（构）筑物一览表

序号	名　称	规　格	单位	数量	备　注
①	粗格栅间、调节池及提升泵池		座	1	11P-1535S-01-03
a	粗格栅间	12.6m×7.5m，H=6.9m	座	1	11P-1535S-01-03 池内辅助
b	调节池	28.0m×15.8m×7.1m	座	2	11P-1535S-01-03 池内辅助
c	泵池	9.0m×3.0m×8.7m	座	1	11P-1535S-01-03 池内辅助
②	预处理间	23.0m×9.0m，H=9.9m	座	1	11P-1535S-01-04
③	生化池配水井	4.1m×2.3m×6.3m	座	1	11P-1535S-01-05 池内辅助
④	CAST生化反应池	33.0m×21.0m×6.0m	座	2	11P-1535S-01-06 池内辅助
⑤	鼓风机房及变电所	33.0m×9.0m，H=5.1m	座	1	11P-1535S-01-07
⑥	污泥贮池及泵房		座	1	11P-1535S-01-08
a	泵房	7.54m×6.24m，H=4.2m	座	1	11P-1535S-01-08
b	污泥贮池	6.0m×5.0m×3.8m	座	2	11P-1535S-01-08
c	泵池	7.3m×6.0m×3.3m	座	1	11P-1535S-01-08
⑦	污泥脱水间	24.0m×12.0m，H=5.7m	座	1	11P-1535S-01-09
⑧	紫外线消毒槽间	11.6m×6.0m，H=4.2m	座	1	11P-1535S-01-10
⑨	综合泵房		座	1	11P-1535S-01-11
a	泵房	9.90m×3.60m，H=4.5m	座	1	11P-1535S-01-11 池内辅助
b	泵间	9.7m×3.6m×2.5m	座	1	11P-1535S-01-11 池内辅助
c	泵池	9.7m×8.0m×2.3m	座	1	11P-1535S-01-11 池内辅助
⑩	综合楼	457.00m²	座	1	11P-1535S-01-12 建筑面积
⑪	锅炉房及深井泵房	296.25m²	座	1	11P-1535S-01-13 建筑面积
⑫	维修间、仓库、车库	266.20m²	座	1	11P-1535S-01-14 建筑面积
⑬	门卫	34.82m²	座	1	11P-1535S-01-15 建筑面积

图　例

——1—— 工艺管线		——2—— 污泥管线	
——3—— 空气管线		——4—— 厂区给水及消防管线	
——5—— 厂区下水管线		——6—— 超越管线	
——7—— 供热管线		——8—— 电力电缆管线	
J1 ○ 检查井		X1 ◑ 消火栓井	
F1 ⊗ 阀门井		L1 ▶ 流量计井	
▭ 新建（构）筑物		⌐ ¬ 远期预留构筑物	

图号	2.2
图名	污水处理厂管道综合平面布置图
比例	1：500

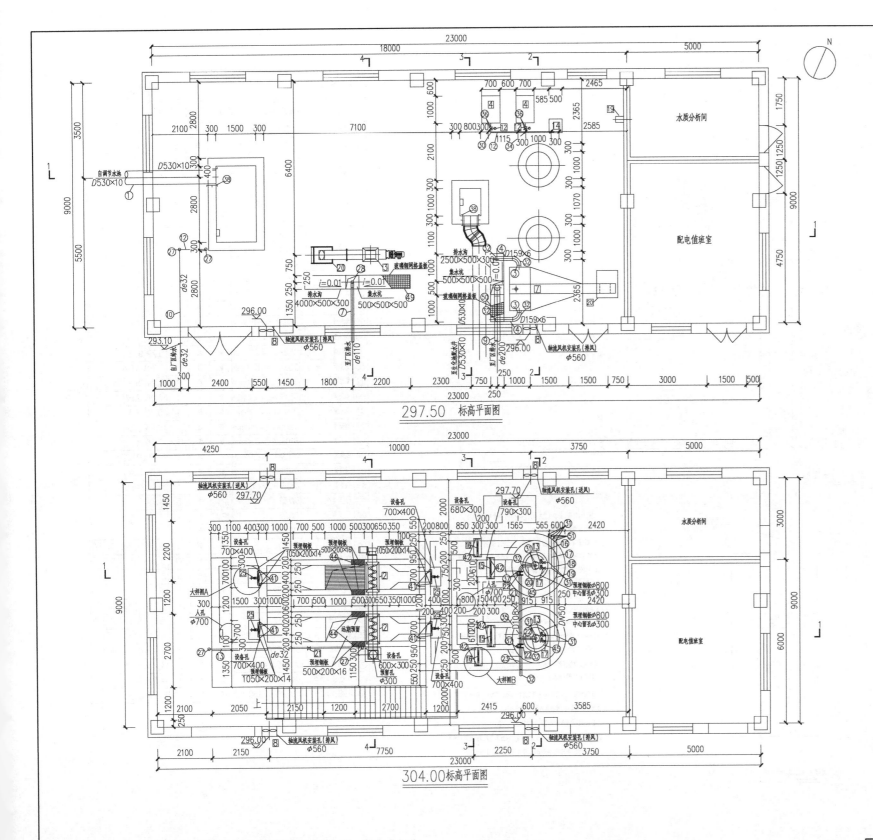

297.50 标高平面图

304.00 标高平面图

设 备 表

编号	名　称	规　格	单位	数量	备注
1	回转式格栅	$B=0.9m,N=1.5kW,b=6mm,\alpha=60°$	台	1	远期一台增加预留一台
2	无轴螺旋输送器	$L=4.7m,N=3.0kW$	台	1	二个进料口
3	压渣机	$N=3.0kW$	台	1	
4	鼓风机	$Q=2.5m^3/min,P=49kPa,N=7.5kW$	台	2	与汽提配套
5	搅拌器	$12\sim20r/min,N=1.5kW$	台	2	与汽提配套
6	气提装置	$Q=12$ L/s，$H=6m$	套	2	
7	螺旋砂水分离器	$Q=12$ L/s，$N=1.5kW$	台	1	
8	轴流风机	$Q=4504m^3/h,N=0.18kW$	台	4	两台送风两台排风
9	厢壁式自垂百叶不锈钢风门	500mm×400mm	块	4	
10	鼓风机进口消声器		个	2	与鼓风机配套
11	鼓风机出口消声器		个	2	与鼓风机配套
12	对夹兰式电动阀	$DN80,N=0.37kW$	个	2	
13	电动阀	$DN50,N=0.37kW$	个	4	与汽提装置配套
14	配气箱		个	1	与鼓风机配套
15	叠梁闸	1200mm×610mm	个	2	
16	叠梁闸	1200mm×500mm	个	2	
17	手动球阀	$DN50$	个	4	
18	止回阀	$DN80$	个	2	
19	除臭系统		套	1	
20	活动储渣存放器	1000mm×600mm×800mm	个	2	
21	手动闸阀	$DN32$	个	3	用于给水管
22	对夹兰式电动蝶阀	$DN100,N=0.37kW$	个	2	
23	电动葫芦	$G=3t,N_1=4.5kW,N_2=0.4kW,N_3=0.4kW$	台	1	与24配套
24	单梁悬挂起重机	$L_1=6.0m,G=3t,N=2×0.4kW$	台	1	
25	手电启闭机	$G=2t,N=1.1kW$	台	4	与9配套

说明

1. 本图尺寸单位：标高（绝对标高）以米计，其余均以毫米计。
2. 本图工程量统计到轴线外1m。
3. 鼓风机需提供配套进、出口消音器、压力表、安全钢等附件。
4. 本图中无轴螺旋输送器与压渣机之间的管道固定由厂家现场进行安装。
5. 本图钢管及钢零件防锈、防腐处理详见总说明2.1。
6. 本图的具体位置详见图2.2。
7. 本图中鼓风机基础待供货后进行二次设计，所有设备的安装均由厂家现场指导完成。
8. 给水管与墙体固定方法见标准图集 03S402/78。
9. DN50 的空气管与墙体固定方法见标准图集 03S402/89。
10. DN100 的吸砂管与墙体固定方法见大样图C。
11. 工作人员巡视前必须先对预处理间范围内所有室内进行气体检测，确定安全后方可进入。
12. 299.50(299.05)为格栅进水闸门洞口顶标高（格栅出水闸门洞口顶标高）。
13. 工程中所用螺栓、螺母及垫片应根据实际情况相应配套提供。
14. 工程中支墩应根据工程实际要求相应配套设置。
15. 设备安装之前，所有孔洞均应盖好盖板，以防工作人员出现生产事故。
16. 两根工字钢与梁相联，间距6m，距相邻房屋轴线1.5m。

图号	2.12
图名	预处理间工艺图（一）
比例	

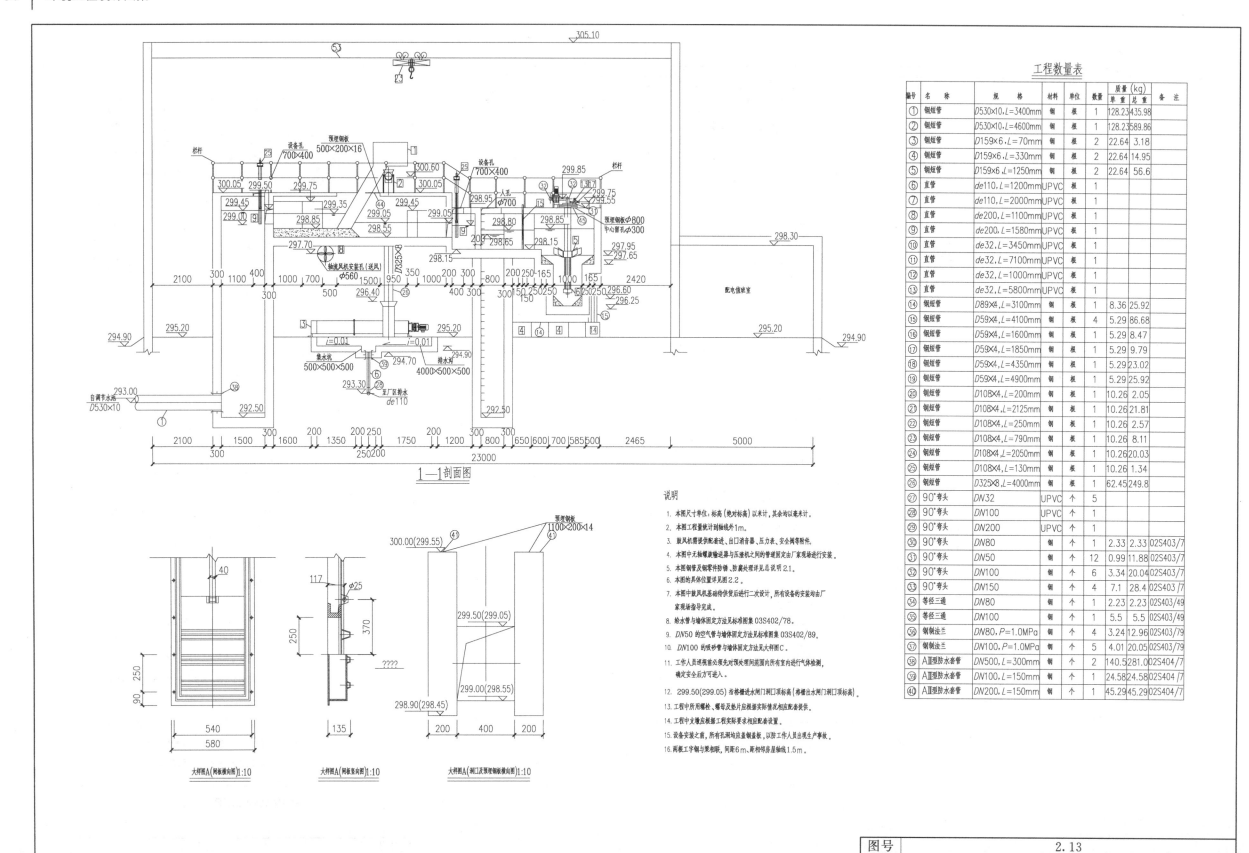

1—1剖面图

大样图A(网板横剖图)1:10

大样图A(网板竖向图)1:10

大样图A(洞口及预埋钢板横向图)1:10

说明

1. 本图尺寸单位: 标高(绝对标高)以米计, 其余均以毫米计。
2. 本图工程量统计到轴线外1m。
3. 鼓风机需提供配套进、出口消音器、压力表、安全阀等附件。
4. 本图中无轴螺旋输送器与压渣机之间的管道固定由厂家现场进行安装。
5. 本图钢管及钢零件防锈、防腐处理详见说明2.1。
6. 本图的具体位置详见图2.2。
7. 本图中鼓风机基础待特供货后进行二次设计, 所有设备的安装均由厂家现场指导完成。
8. 给水管与墙体固定方法见标准图集03S402/78。
9. DN50 的空气管与墙体固定方法见标准图集03S402/89。
10. DN100 的吸砂砂管与墙体固定方法见大样图C。
11. 工作人员进洞前必须先对预处理间范围内所有室内进行气体检测, 确定安全后方可进入。
12. 299.50(299.05) 当格栅进水闸门洞口顶标高(格栅出水闸门洞口顶标高)。
13. 工程中所用螺栓、锚导及垫片应根据实际情况相应配套提供。
14. 工程中支墩应根据工程实际要求相应配套设置。
15. 设备安装之前, 所有孔洞均应盖盖钢盖板, 以防工作人员出现生产事故。
16. 两根工字钢与梁相连, 间距6m、距相邻房屋轴线1.5m。

工程数量表

编号	名称	规格	材料	单位	数量	单重(kg)	总重(kg)	备注
①	钢短管	D530×10, L=3400mm	钢	根	1	128.23	435.98	
②	钢短管	D530×10, L=4600mm	钢	根	1	128.23	589.86	
③	钢短管	D159×6, L=70mm	钢	根	2	22.64	3.18	
④	钢短管	D159×6, L=330mm	钢	根	2	22.64	14.95	
⑤	钢短管	D159×6, L=1250mm	钢	根	2	22.64	56.6	
⑥	直管	de110, L=1200mm	UPVC	根	1			
⑦	直管	de110, L=2000mm	UPVC	根	1			
⑧	直管	de200, L=1100mm	UPVC	根	1			
⑨	直管	de200, L=1580mm	UPVC	根	1			
⑩	直管	de32, L=3450mm	UPVC	根	1			
⑪	直管	de32, L=7100mm	UPVC	根	1			
⑫	直管	de32, L=1000mm	UPVC	根	1			
⑬	直管	de32, L=5800mm	UPVC	根	1			
⑭	钢短管	D89×4, L=3100mm	钢	根	1	8.36	25.92	
⑮	钢短管	D59×4, L=4100mm	钢	根	4	5.29	86.68	
⑯	钢短管	D59×4, L=1600mm	钢	根	1	5.29	8.47	
⑰	钢短管	D59×4, L=1850mm	钢	根	1	5.29	9.79	
⑱	钢短管	D59×4, L=4350mm	钢	根	1	5.29	23.02	
⑲	钢短管	D59×4, L=4900mm	钢	根	1	5.29	25.92	
⑳	钢短管	D108×4, L=200mm	钢	根	1	10.26	2.05	
㉑	钢短管	D108×4, L=2125mm	钢	根	1	10.26	21.81	
㉒	钢短管	D108×4, L=250mm	钢	根	1	10.26	2.57	
㉓	钢短管	D108×4, L=790mm	钢	根	1	10.26	8.11	
㉔	钢短管	D108×4, L=2050mm	钢	根	1	10.26	20.03	
㉕	钢短管	D108×4, L=130mm	钢	根	1	10.26	1.34	
㉖	钢短管	D325×8, L=4000mm	钢	根	1	62.45	249.8	
㉗	90°弯头	DN32	UPVC	个	5			
㉘	90°弯头	DN100	UPVC	个	1			
㉙	90°弯头	DN200	UPVC	个	1			
㉚	90°弯头	DN80	钢	个	1	2.33	2.33	02S403/7
㉛	90°弯头	DN50	钢	个	12	0.99	11.88	02S403/7
㉜	90°弯头	DN100	钢	个	6	3.34	20.04	02S403/7
㉝	90°弯头	DN150	钢	个	4	7.1	28.4	02S403/7
㉞	等径三通	DN80	钢	个	1	2.23	2.23	02S403/49
㉟	等径三通	DN100	钢	个	1	5.5	5.5	02S403/49
㊱	钢制法兰	DN80, P=1.0MPa	钢	个	4	3.24	12.96	02S403/79
㊲	钢制法兰	DN100, P=1.0MPa	钢	个	5	4.01	20.05	02S403/79
㊳	AII型防水套管	DN500, L=300mm	钢	个	2	140.5	281.00	02S404/7
㊴	AII型防水套管	DN100, L=150mm	钢	个	1	24.58	24.58	02S404/7
㊵	AII型防水套管	DN200, L=150mm	钢	个	1	45.29	45.29	02S404/7

图号	2.13
图名	预处理间工艺图（二）
比例	1：50

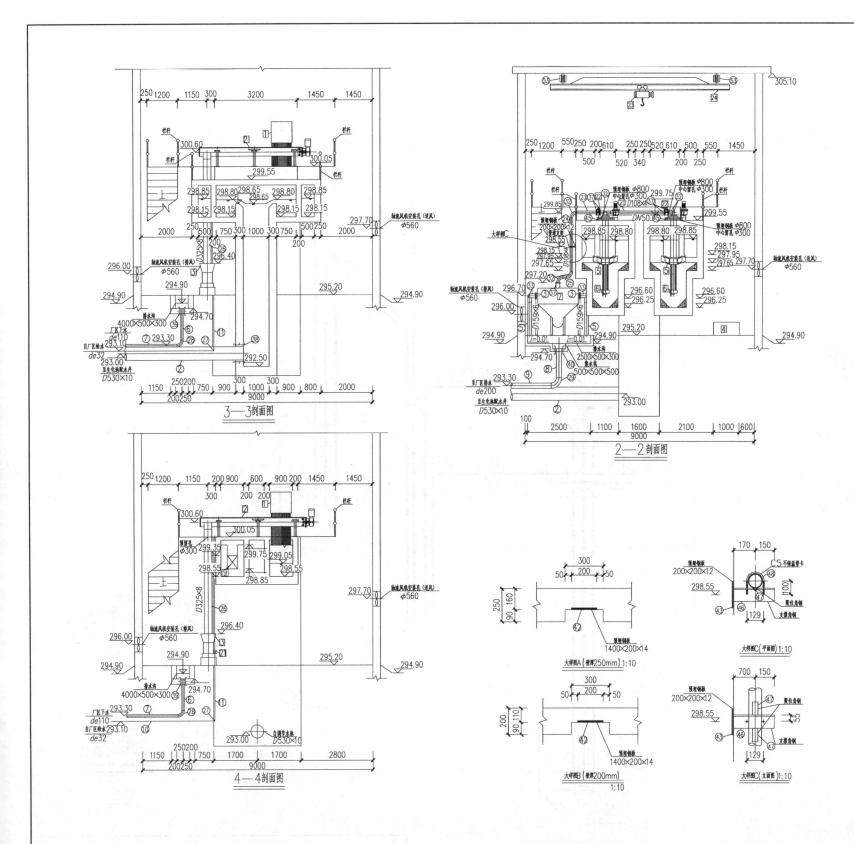

工程数量表

41	预埋钢板	1100mm×200mm×14mm	钢	块	8		结构统计
42	预埋钢板	1400mm×200mm×14mm	钢	块	8		结构统计
43	预埋钢板	200mm×200mm×12mm	钢	块	8		结构统计
44	预埋钢板	500mm×200mm×16mm	钢	块	4		结构统计
45	预埋钢板	φ800中心开孔φ300		块	2		结构统计
46	支撑角钢	L100×10,L=320mm	钢	块	1	3.41	02S402/105 配套安装螺栓固定件
47	限位角钢	L30×4,L=100mm	钢	块	1	0.18	02S402/105 配套安装螺栓固定件
48	管卡	C5不保温塑管卡	钢	个	1	0.25	02S402/33 配套安装螺栓固定件
49	玻璃钢网格盖板	4000mm×500mm	玻璃钢				结构统计
50	玻璃钢网格盖板	4000mm×500mm	玻璃钢				结构统计
51	管道支架	DN50	钢	个	4		02S402/79 配套安装螺栓固定件
52	管道支架	DN32	钢	个	4		02S402/78 配套安装螺栓固定件
53	工字钢	32a,L=9000mm	钢	根	2		结构统计

说明

1. 本图尺寸单位：标高（绝对标高）以米计，其余均以毫米计。
2. 本图工程量统计时计量范围线外1m。
3. 鼓风机需提供配套进、出口消声器、压力表、安全阀等附件。
4. 本图中无轴螺旋输送器与压滤机之间的管道固定由厂家现场进行安装。
5. 本图钢管及钢零件防锈、防腐处理详见图2.1。
6. 本图的具体位置详见图2.2。
7. 本图中鼓风机基础待供货后进行二次设计，所有设备的安装均由厂家现场指导完成。
8. 给水管与墙体固定方法见标准图集03S402/78。
9. DN50的空气管与墙体固定方法见标准图集03S402/89。
10. DN100的砂管与墙体固定方法见大样图C。
11. 工作人员进视前必须先对预处理间范围内所有室内进行气体检测，确定安全后方可进入。
12. 299.50(299.05)为格栅进水闸门洞口顶标高（格栅出水闸门洞口顶标高）。
13. 工程中所用螺栓、螺母及垫片应根据实际情况相应配套提供。
14. 工程中支墩应根据设备实际要求相应配套设置。
15. 设备安装之前，所有孔洞均应盖钢盖板，以防工作人员出现生产事故。
16. 两根工字钢与梁相联，间距6m、距相邻房屋轴线1.5m。

3—3 剖面图

2—2 剖面图

4—4 剖面图

大样图A（壁厚250mm）1：10

大样图B（壁厚200mm）1：10

大样图C（平面图）1：10

大样图C（立面图）1：10

图号	2.14
图名	预处理间工艺图（三）
比例	1：10

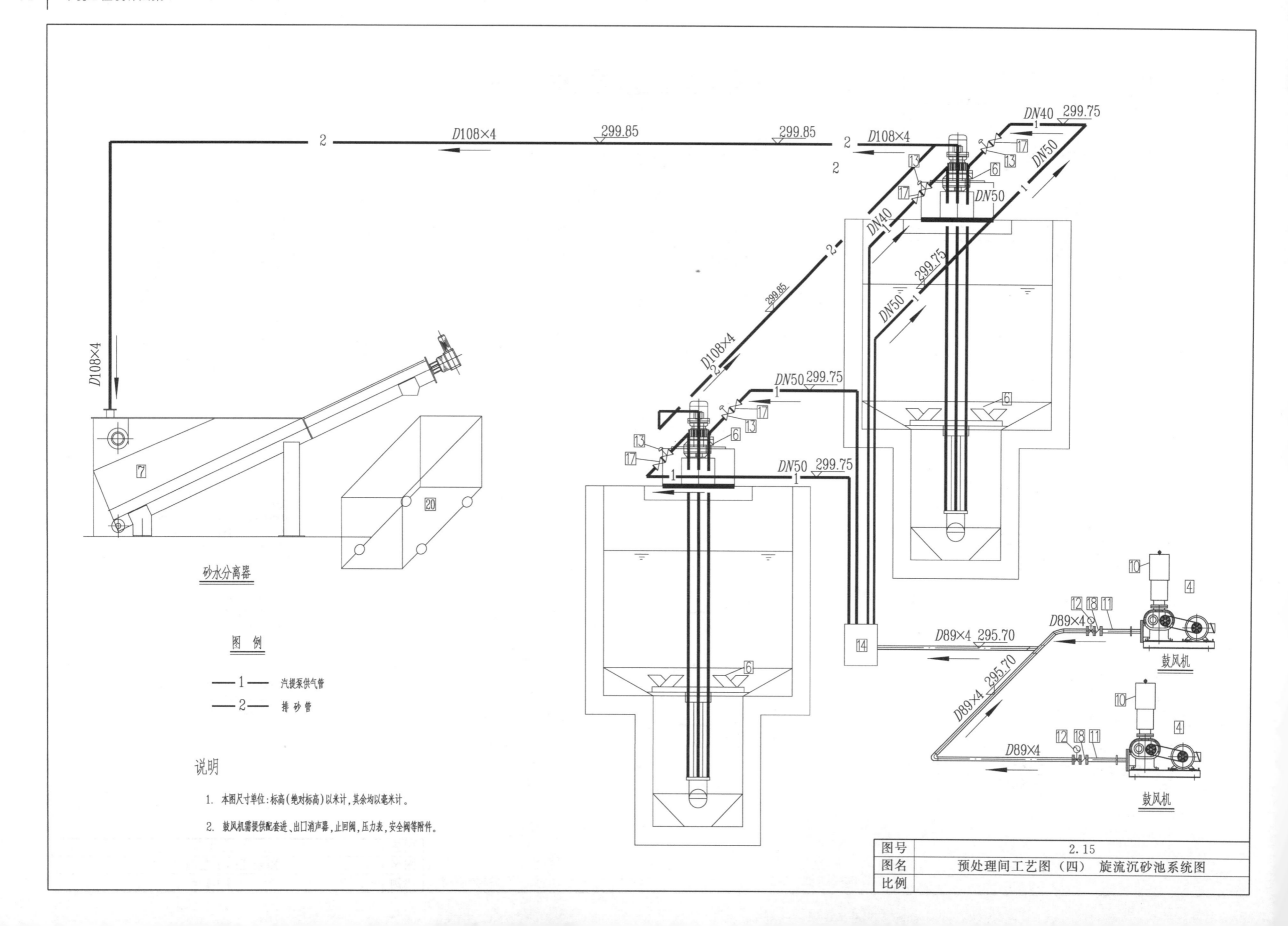

砂水分离器

图 例

—1— 汽提泵供气管

—2— 排砂管

说明

1. 本图尺寸单位:标高(绝对标高)以米计,其余均以毫米计。

2. 鼓风机需供配套进、出口消声器,止回阀,压力表,安全阀等附件。

图号	2.15
图名	预处理间工艺图(四) 旋流沉砂池系统图
比例	

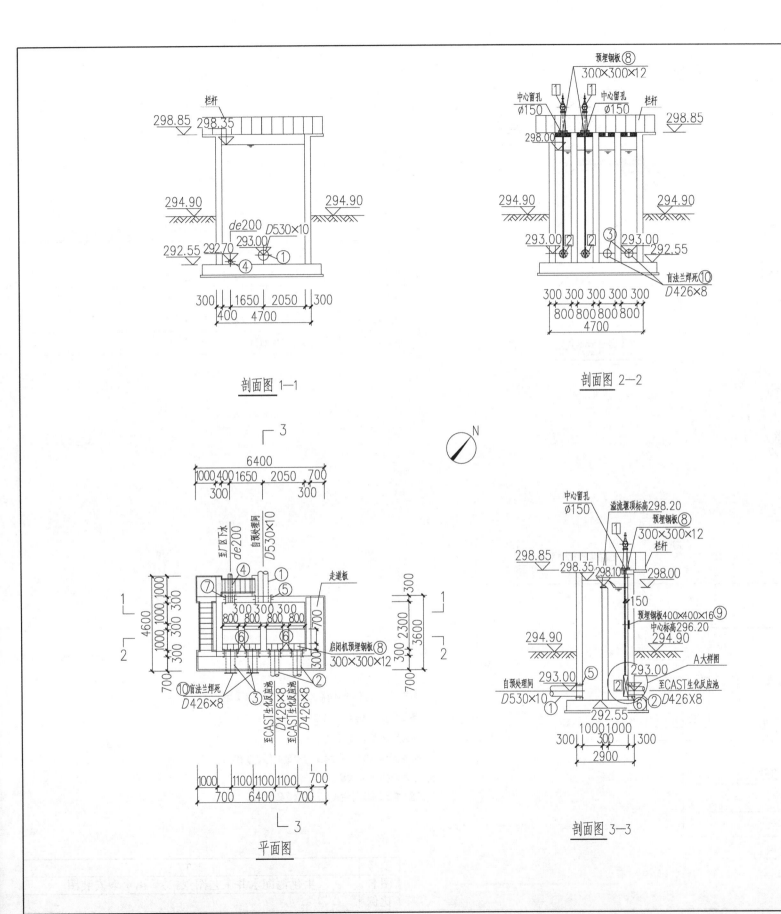

剖面图 1—1

剖面图 2—2

平面图

剖面图 3—3

设备一览表

编号	名　称	规　格	单位	数量	备　注
①1	手电两用启闭机	$T=2t$，$N=1.5kW$	个	2	
②2	铸铁圆闸门	$DN400$	个	2	

工程数量表

编号	名　称	规　格	材料	单位	数量	质量（kg） 单重	质量（kg） 总重	备　注
①	直管	$D530×10$，$L=2000mm$	钢	根	1	256.46	256.46	
②	直管	$D426×8$，$L=2000mm$	钢	根	2	164.92	329.84	
③	直管	$D426×8$，$L=1000mm$	钢	根	2	82.46	164.92	
④	直管	$de200$，$L=2000mm$	UPVC	根	1			
⑤	AⅡ型柔性防水套管	$DN500$，$L=300mm$		个	1	140.50	140.50	
⑥	AⅡ型柔性防水套管	$DN400$，$L=300mm$		个	4	114.80	459.20	
⑦	AⅡ型柔性防水套管	$DN200$，$L=300mm$		个	1	45 29	45.29	
⑧	钢板	$300×300×12$	钢	块	4			
⑨	钢板	$400×400×16$	钢	块	2			
⑩	盲法兰	$DN400$		个	4			含配套螺栓、螺母、垫片

说明
1. 本图尺寸单位：标高（绝对标高）以米计，其余均以毫米计。
2. 本图工程量统计到池内壁外1.0m。
3. 构筑物具体位置详见图2.2。
4. 所有钢管及钢制管件均需做防腐，具体做法详见总说明2.1。
5. 闸门检修时采用活动爬梯。

图号	2.16	
图名	生化池配水井工艺图（一）	
比例		1：100

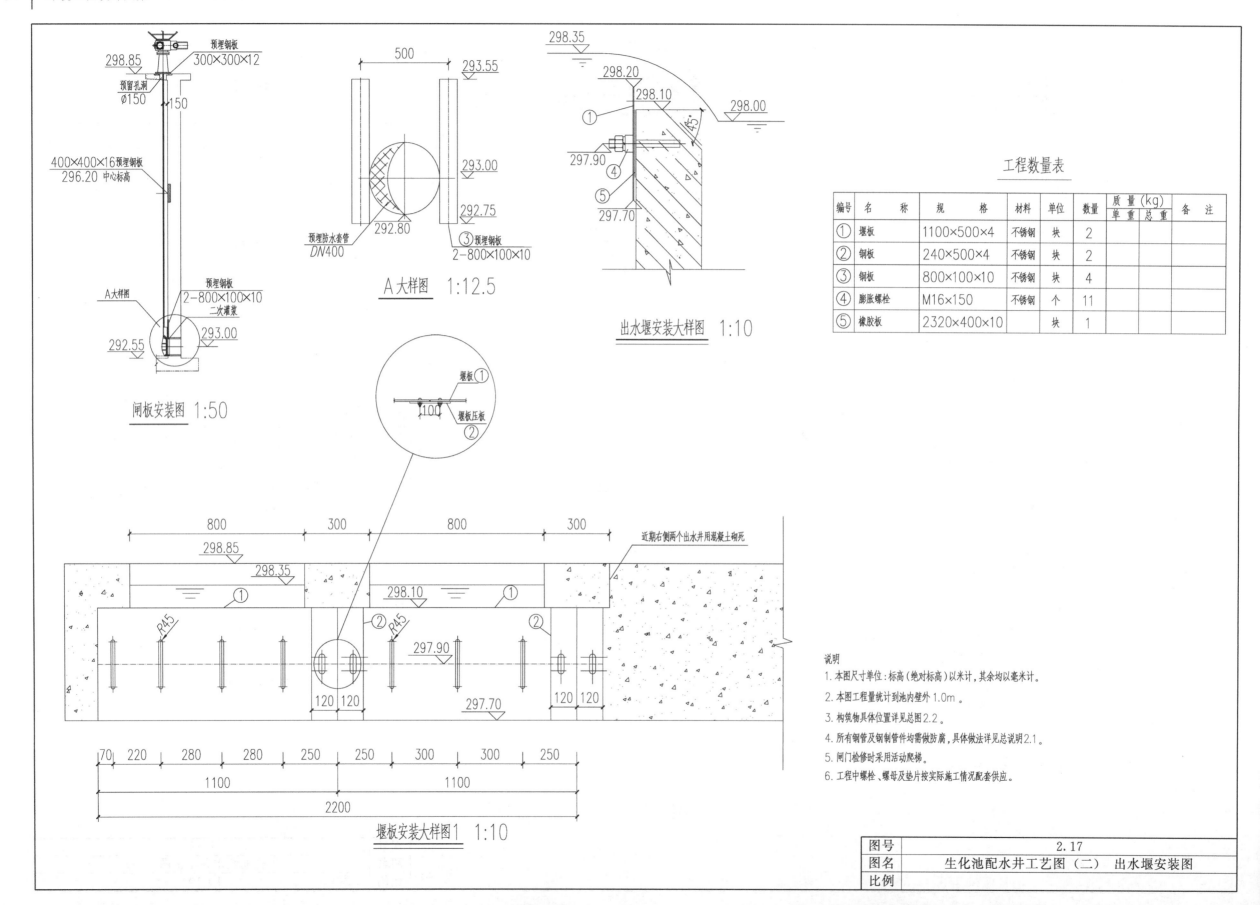

工程数量表

编号	名 称	规 格	材料	单位	数量	质 量（kg） 单重 总重		备 注
①	堰板	1100×500×4	不锈钢	块	2			
②	钢板	240×500×4	不锈钢	块	2			
③	钢板	800×100×10	不锈钢	块	4			
④	膨胀螺栓	M16×150	不锈钢	个	11			
⑤	橡胶板	2320×400×10		块	1			

A大样图 1:12.5

出水堰安装大样图 1:10

闸板安装图 1:50

堰板安装大样图1 1:10

说明
1. 本图尺寸单位：标高（绝对标高）以米计，其余均以毫米计。
2. 本图工程量统计到池内壁外1.0m。
3. 构筑物具体位置详见总图2.2。
4. 所有钢管及钢制管件均需做防腐，具体做法详见总说明2.1。
5. 闸门检修时采用活动爬梯。
6. 工程中螺栓、螺母及垫片按实际施工情况配套供应。

图号	2.17
图名	生化池配水井工艺图（二） 出水堰安装图
比例	

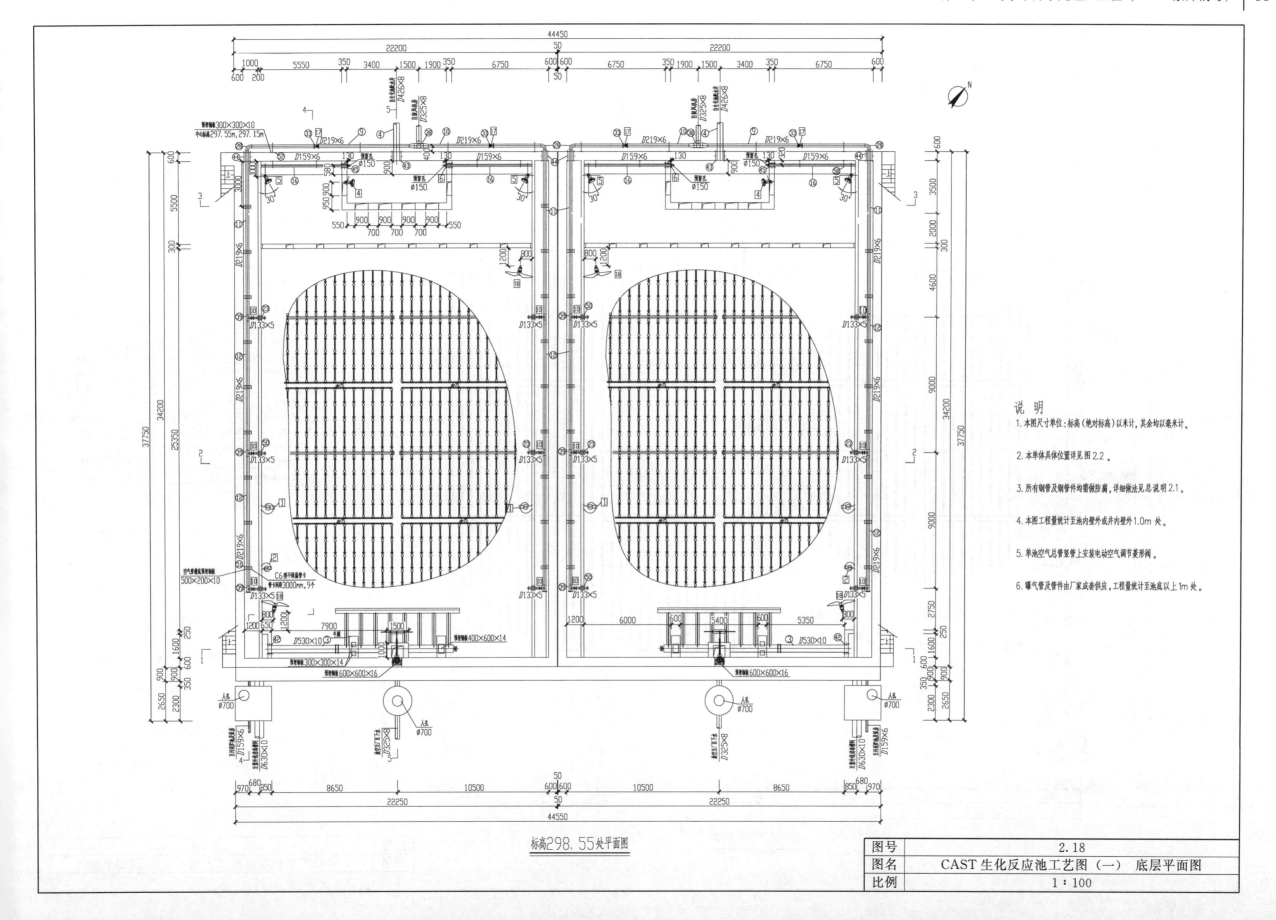

说明

1. 本图尺寸单位: 标高(绝对标高)以米计, 其余均以毫米计。

2. 本单体具体位置详见图 2.2。

3. 所有钢管及钢管件均需做防腐, 详细做法见总说明 2.1。

4. 本图工程量统计至池内壁外或井内壁外 1.0m 处。

5. 单池空气总管竖管上安装电动空气调节菱形阀。

6. 曝气管及管件由厂家成套供应, 工程量统计至池底以上 1m 处。

标高298.55处平面图

图号	2.18
图名	CAST生化反应池工艺图（一）底层平面图
比例	1：100

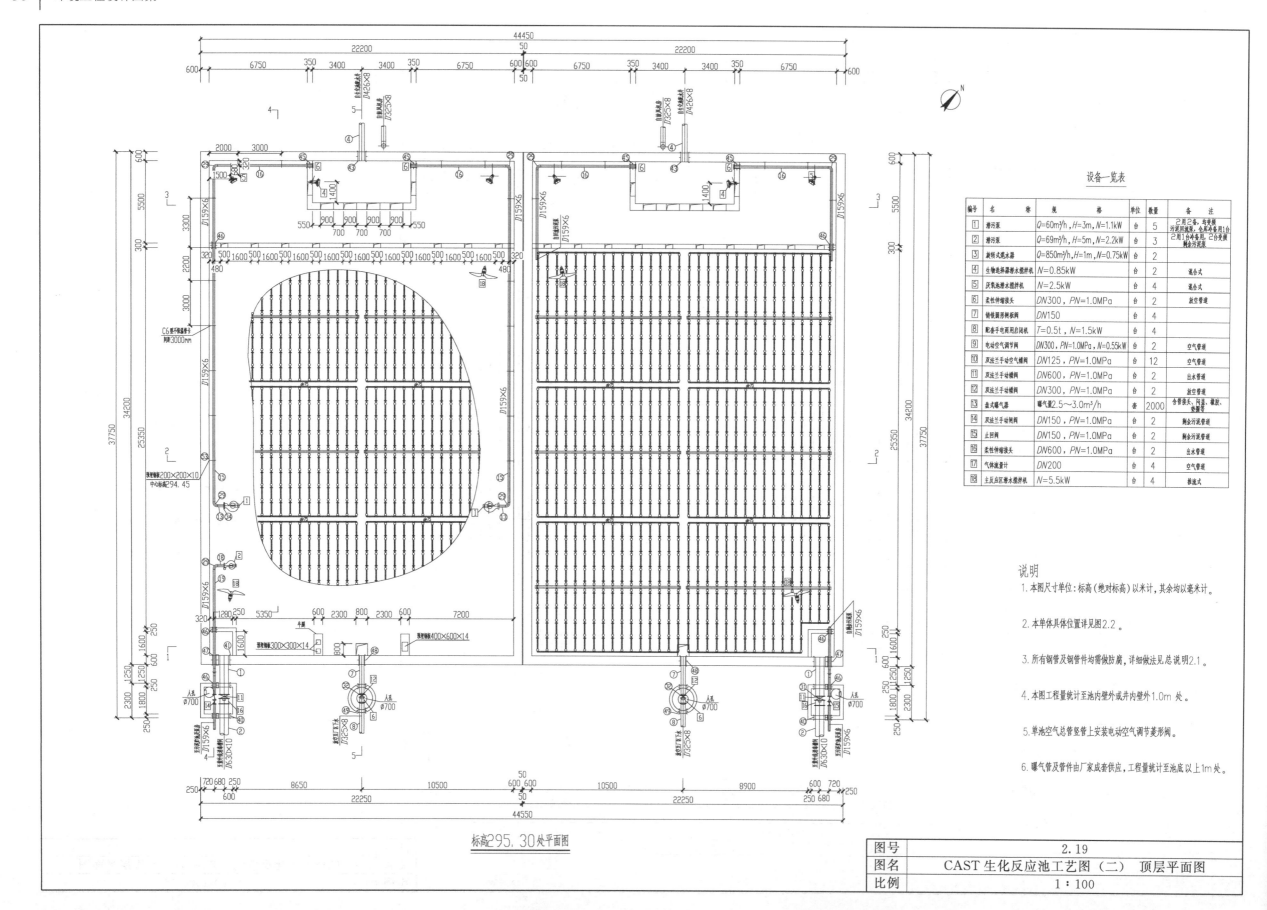

设备一览表

编号	名　称	规　格	单位	数量	备　注
1	潜污泵	$Q=60m^3/h$, $H=3m$, $N=1.1kW$	台	5	2用2备,另设废膜污泥回流泵,仓库备用1台
2	潜污泵	$Q=69m^3/h$, $H=5m$, $N=2.2kW$	台	3	2用1台各专用,2台废膜剩余污泥泵
3	旋转式滗水器	$Q=850m^3/h$, $H=1m$, $N=0.75kW$	台	2	
4	生物选择器潜水搅拌机	$N=0.85kW$	台	2	潜浮式
5	厌氧池潜水搅拌机	$N=2.5kW$	台	4	潜浮式
6	柔性伸缩接头	$DN300$, $PN=1.0MPa$	台	2	放空管道
7	钢锁圆形闸板阀	$DN150$	台	4	
8	配套手电两用启闭机	$T=0.5t$, $N=1.5kW$	台	4	
9	电动空气调节阀	$DN300$, $PN=1.0MPa$, $N=0.55kW$	台	2	空气管道
10	双法兰手动空气蝶阀	$DN125$, $PN=1.0MPa$	台	12	空气管道
11	双法兰手动蝶阀	$DN600$, $PN=1.0MPa$	台	2	出水管道
12	双法兰手动蝶阀	$DN300$, $PN=1.0MPa$	台	2	放空管道
13	盘式曝气器	曝气量$2.5\sim3.0m^3/h$	套	2000	含管接头、闷头、橡胶、垫圈等
14	双法兰手动蝶阀	$DN150$, $PN=1.0MPa$	台	2	剩余污泥管道
15	止回阀	$DN150$, $PN=1.0MPa$	台	2	剩余污泥管道
16	柔性伸缩接头	$DN600$, $PN=1.0MPa$	台	2	出水管道
17	气体流量计	$DN200$	台	4	空气管道
18	主反应区潜水搅拌机	$N=5.5kW$	台	4	推流式

说明

1. 本图尺寸单位:标高(绝对标高)以米计,其余均以毫米计。

2. 本单体具体位置详见图2.2。

3. 所有钢管及钢管件均需做防腐,详细做法见总说明2.1。

4. 本图工程量统计至池内壁外或并内壁外1.0m处。

5. 单池空气总管竖管上安装电动空气调节菱形阀。

6. 曝气管及管件由厂家成套供应,工程量统计至池底以上1m处。

标高295.30处平面图

图号	2.19
图名	CAST生化反应池工艺图(二) 顶层平面图
比例	1:100

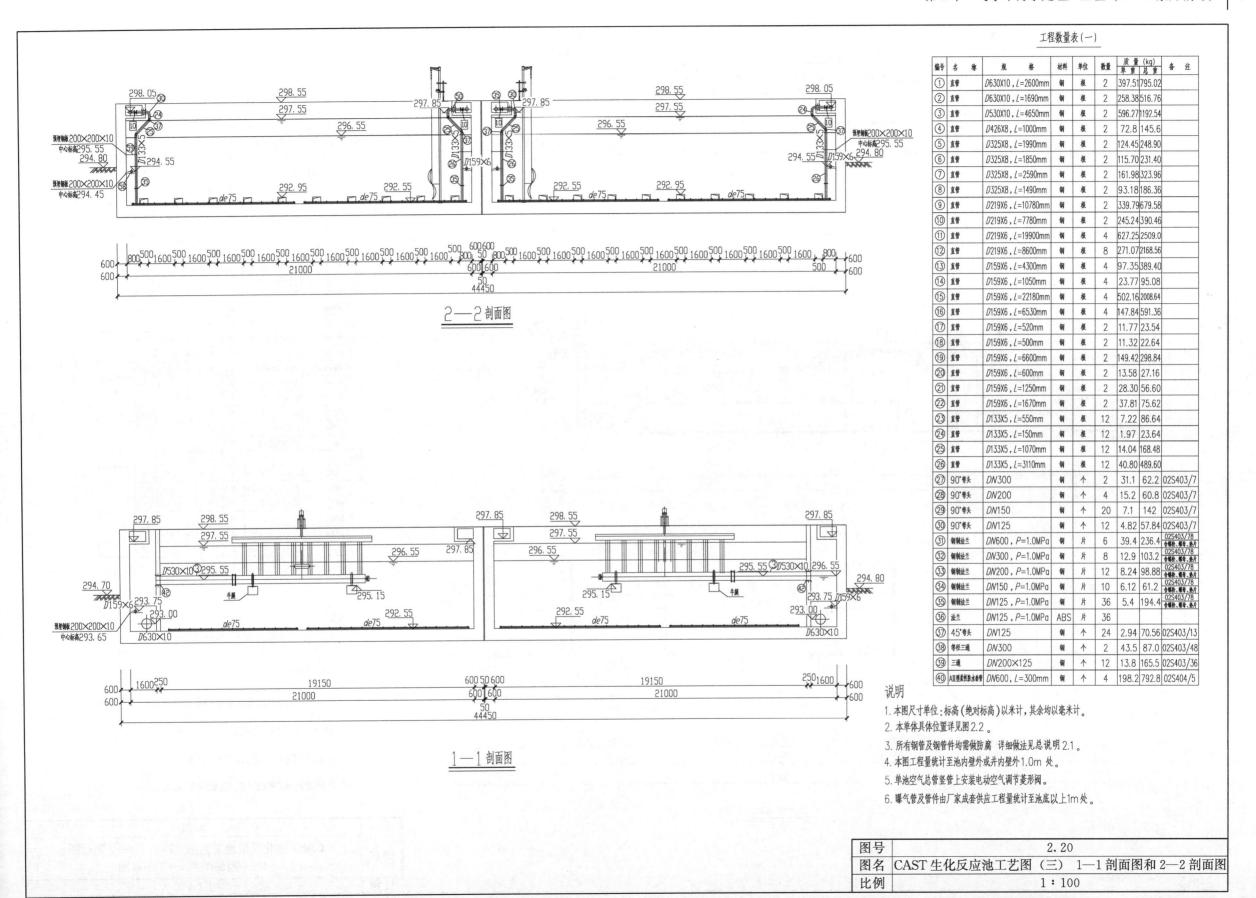

工程数量表（一）

编号	名称	规格	材料	单位	数量	质量(kg) 单重	质量(kg) 总重	备注
①	直管	D630X10，L=2600mm	钢	根	2	397.51	795.02	
②	直管	D630X10，L=1690mm	钢	根	2	258.38	516.76	
③	直管	D530X10，L=4650mm	钢	根	2	596.27	1192.54	
④	直管	D426X8，L=1000mm	钢	根	2	72.8	145.6	
⑤	直管	D325X8，L=1990mm	钢	根	2	124.45	248.90	
⑥	直管	D325X8，L=1850mm	钢	根	2	115.70	231.40	
⑦	直管	D325X8，L=2590mm	钢	根	2	161.98	323.96	
⑧	直管	D325X8，L=1490mm	钢	根	2	93.18	186.36	
⑨	直管	D219X6，L=10780mm	钢	根	2	339.79	679.58	
⑩	直管	D219X6，L=7780mm	钢	根	2	245.24	390.46	
⑪	直管	D219X6，L=19900mm	钢	根	4	627.25	2509.0	
⑫	直管	D219X6，L=8600mm	钢	根	8	271.07	2168.56	
⑬	直管	D159X6，L=4300mm	钢	根	4	97.35	389.40	
⑭	直管	D159X6，L=1050mm	钢	根	4	23.77	95.08	
⑮	直管	D159X6，L=22180mm	钢	根	4	502.16	2008.64	
⑯	直管	D159X6，L=6530mm	钢	根	4	147.84	591.36	
⑰	直管	D159X6，L=520mm	钢	根	2	11.77	23.54	
⑱	直管	D159X6，L=500mm	钢	根	2	11.32	22.64	
⑲	直管	D159X6，L=6600mm	钢	根	2	149.42	298.84	
⑳	直管	D159X6，L=600mm	钢	根	2	13.58	27.16	
㉑	直管	D159X6，L=1250mm	钢	根	2	28.30	56.60	
㉒	直管	D159X6，L=1670mm	钢	根	2	37.81	75.62	
㉓	直管	D133X5，L=550mm	钢	根	12	7.22	86.64	
㉔	直管	D133X5，L=150mm	钢	根	12	1.97	23.64	
㉕	直管	D133X5，L=1070mm	钢	根	12	14.04	168.48	
㉖	直管	D133X5，L=3110mm	钢	根	12	40.80	489.60	
㉗	90°弯头	DN300	钢	个	2	31.1	62.2	02S403/7
㉘	90°弯头	DN200	钢	个	4	15.2	60.8	02S403/7
㉙	90°弯头	DN150	钢	个	20	7.1	142	02S403/7
㉚	90°弯头	DN125	钢	个	12	4.82	57.84	02S403/7
㉛	钢钢法兰	DN600，P=1.0MPa		片	6	39.4	236.4	02S403/78
㉜	钢钢法兰	DN300，P=1.0MPa	钢	片	8	12.9	103.2	02S403/78
㉝	钢钢法兰	DN200，P=1.0MPa	钢	片	12	8.24	98.88	02S403/78
㉞	钢钢法兰	DN150，P=1.0MPa	钢	片	10	6.12	61.2	02S403/78
㉟	钢钢法兰	DN125，P=1.0MPa	钢	片	36	5.4	194.4	02S403/78
㊱	法兰	DN125，P=1.0MPa	ABS	片	36			
㊲	45°弯头	DN125	钢	个	24	2.94	70.56	02S403/13
㊳	等径三通	DN300	钢	个	2	43.5	87.0	02S403/48
㊴	三通	DN200X125	钢	个	12	13.8	165.5	02S403/36
㊵	AⅡ型柔性防水套管	DN600，L=300mm	钢	个	4	198.2	792.8	02S404/5

2—2剖面图

1—1剖面图

说明

1. 本图尺寸单位：标高(绝对标高)以米计，其余均以毫米计。

2. 本单体具体位置详见图2.2。

3. 所有钢管及钢管件均需做防腐，详细做法见总说明2.1。

4. 本图工程量统计至池内壁外或井内壁外1.0m处。

5. 单池空气总管竖管上安装电动空气调节菱形阀。

6. 曝气管及管件由厂家成套供应工程量统计至池底以上1m处。

图号	2.20
图名	CAST生化反应池工艺图（三） 1—1剖面图和2—2剖面图
比例	1：100

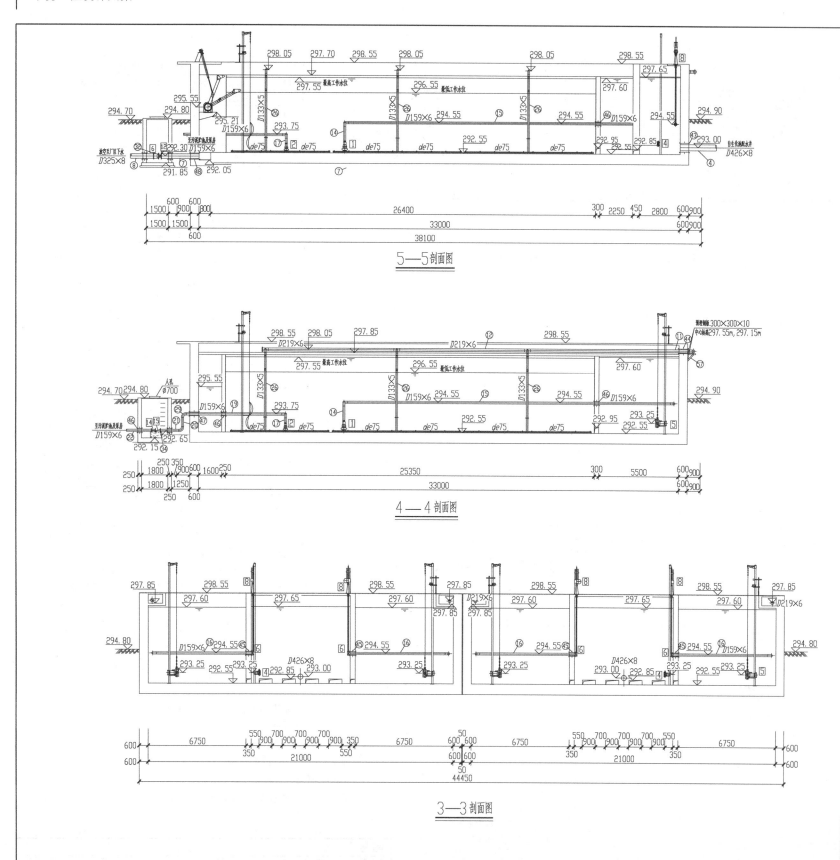

5—5 剖面图

4—4 剖面图

3—3 剖面图

工程数量表（二）

编号	名称	规格	材料	单位	数量	质量(kg) 单重	质量(kg) 总重	备注
41	AⅡ型柔性防水套管	DN600,L=600mm	钢	个	2	396.4	792.8	02S404/5
42	AⅡ型柔性防水套管	DN500,L=300mm	钢	个	2	140.5	281.0	02S404/5
43	AⅡ型柔性防水套管	DN400,L=600mm	钢	个	2	200.6	401.2	02S404/5
44	AⅡ型柔性防水套管	DN200,L=600mm	钢	个	4	90.58	362.32	02S404/5
45	AⅡ型柔性防水套管	DN150,L=350mm	钢	个	4	42.20	168.80	02S404/5
46	AⅡ型柔性防水套管	DN150,L=300mm	钢	个	8	36.17	289.36	02S404/5
47	AⅡ型柔性防水套管	DN150,L=600mm	钢	个	2	72.34	144.68	02S404/5
48	AⅡ型柔性防水套管	DN300,L=600mm	钢	个	2	180.04	360.08	02S404/5
49	AⅡ型柔性防水套管	DN300,L=300mm	钢	个	4	90.02	360.08	02S404/5
50	AⅡ型柔性防水套管	DN125,L=300mm	钢	个	12	32.31	387.72	02S404/5
51	预埋钢板	500×200×10	钢	块	36	7.85	282.6	
52	预埋钢板	300×300×10	钢	块	16	7.07	113.12	
53	预埋钢板	200×200×10	钢	块	44	3.14	138.16	
54	预埋钢板	600×600×16	钢	块	2	45.22	90.44	
55	预埋钢板	400×600×14	钢	块	2	26.38	52.76	
56	预埋钢板	300×300×14	钢	块	4	9.89	39.56	
57	固定支架		钢	套	4			
	支撑槽钢	[14a,L=960mm	钢	件	8	13.95	111.6	
	限位角钢	L63×6,L=150mm	钢	件	8	0.86	6.88	
	钢板	60×140×6	钢	件	16	0.40	6.4	
	斜撑角钢	L75×7,L=981mm	钢	件	4	7.11	28.44	
	斜撑槽钢	[10,L=991mm	钢	件	8	9.91	79.28	
	钢板	140×150×6	钢	件	4	0.99	3.96	
58	固定支架		钢	套	32			
	支撑槽钢	[14a,L=650mm	钢	件	64	9.45	604.8	
	限位角钢	L63×6,L=150mm	钢	件	64	0.86	55.04	
	钢板	60×140×6	钢	件	148	0.40	59.2	
59	固定支架		钢	套	12			
	支撑槽钢	[14a,L=770mm	钢	件	24	11.19	268.56	
	限位角钢	L63×6,L=150mm	钢	件	24	0.86	20.64	
	钢板	60×140×6	钢	件	48	0.40	19.2	

说明

1. 本图尺寸单位：标高（绝对标高）以米计，其余均以毫米计。

2. 本单体具体位置详见图2.2。

3. 所有钢管及钢管件均需做防腐，详细做法见总说明2.1。

4. 本图工程量统计至池内壁外或井内壁外1.0m处。

5. 单池空气总管竖管上安装电动空气调节菱形阀。

6. 曝气管及管件由厂家成套供应，工程量统计至池底以上1m处。

图号	2.21
图名	CAST生化反应池工艺图（四） 3—3剖面图、4—4剖面图和5—5剖面图
比例	1：100

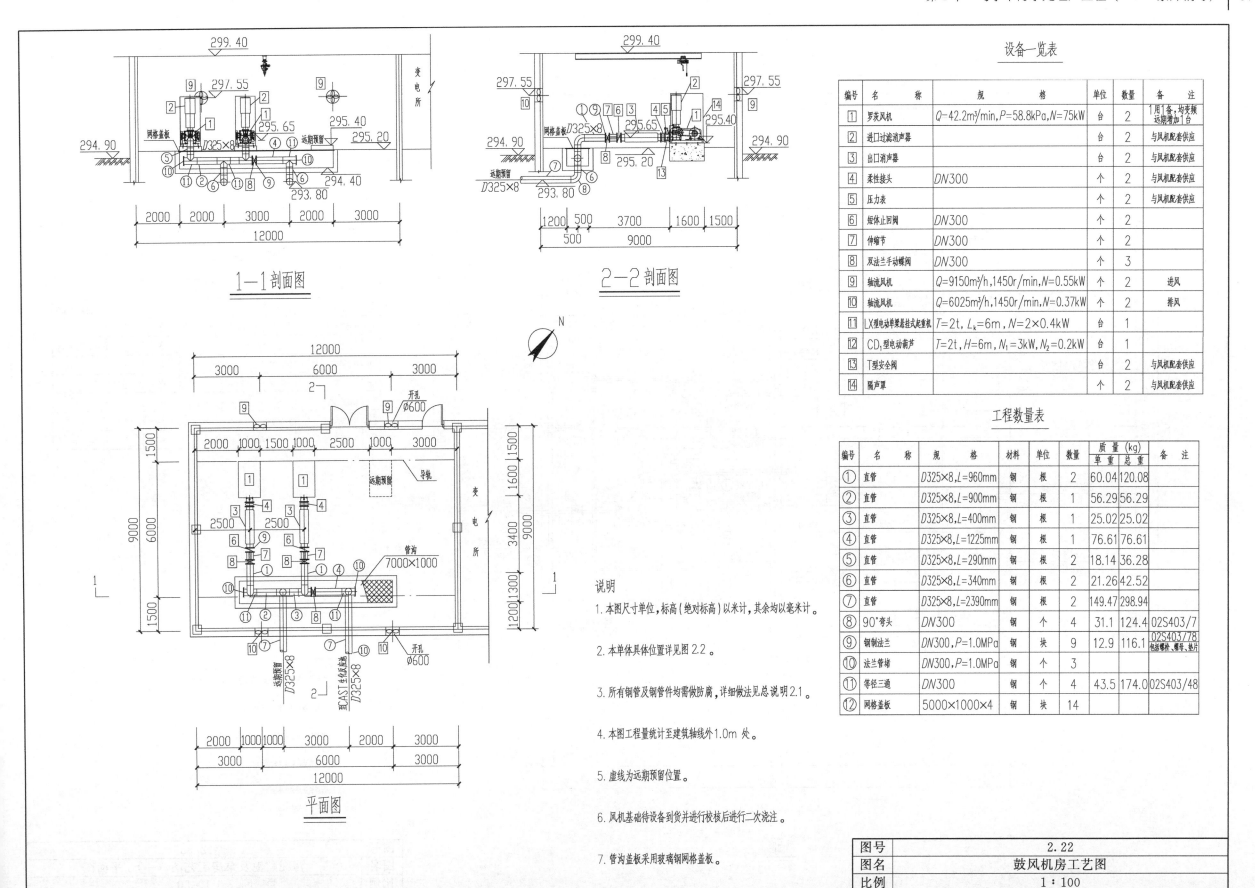

设备一览表

编号	名　称	规　格	单位	数量	备　注
①	罗茨风机	$Q=42.2m^3/min$，$P=58.8kPa$，$N=75kW$	台	2	1用1备，均变频远期增加1台
②	进口过滤消声器		台	2	与风机配套供应
③	出口消声器		台	2	与风机配套供应
④	柔性接头	$DN300$	个	2	与风机配套供应
⑤	压力表		个	2	与风机配套供应
⑥	短体止回阀	$DN300$	个	2	
⑦	伸缩节	$DN300$	个	2	
⑧	双法兰手动蝶阀	$DN300$	个	3	
⑨	轴流风机	$Q=9150m^3/h$，$1450r/min$，$N=0.55kW$	个	2	进风
⑩	轴流风机	$Q=6025m^3/h$，$1450r/min$，$N=0.37kW$	个	2	排风
⑪	LX型电动单梁悬挂式起重机	$T=2t$，$L_k=6m$，$N=2×0.4kW$	台	1	
⑫	CD₁型电动葫芦	$T=2t$，$H=6m$，$N_1=3kW$，$N_2=0.2kW$	台	1	
⑬	T型安全阀		台	2	与风机配套供应
⑭	隔声罩		个	2	与风机配套供应

工程数量表

编号	名　称	规　格	材料	单位	数量	质量(kg) 单重	质量(kg) 总重	备　注
①	直管	$D325×8$，$L=960mm$	钢	根	2	60.04	120.08	
②	直管	$D325×8$，$L=900mm$	钢	根	1	56.29	56.29	
③	直管	$D325×8$，$L=400mm$	钢	根	1	25.02	25.02	
④	直管	$D325×8$，$L=1225mm$	钢	根	1	76.61	76.61	
⑤	直管	$D325×8$，$L=290mm$	钢	根	2	18.14	36.28	
⑥	直管	$D325×8$，$L=340mm$	钢	根	2	21.26	42.52	
⑦	直管	$D325×8$，$L=2390mm$	钢	根	2	149.47	298.94	
⑧	90°弯头	$DN300$	钢	个	4	31.1	124.4	02S403/7
⑨	钢钢法兰	$DN300$，$P=1.0MPa$	钢	块	9	12.9	116.1	02S403/78 包括螺栓、螺母、垫片
⑩	法兰管堵	$DN300$，$P=1.0MPa$	钢	个	3			
⑪	等径三通	$DN300$	钢	个	4	43.5	174.0	02S403/48
⑫	网格盖板	$5000×1000×4$	钢	块	14			

1—1 剖面图

2—2 剖面图

平面图

说明

1. 本图尺寸单位，标高（绝对标高）以米计，其余均以毫米计。

2. 本单体具体位置详见图 2.2。

3. 所有钢管及钢管件均需做防腐，详细做法见总说明 2.1。

4. 本图工程量统计至建筑轴线外 1.0m 处。

5. 虚线为远期预留位置。

6. 风机基础待设备到货并进行校核后进行二次浇注。

7. 管沟盖板采用玻璃钢网格盖板。

图号	2.22
图名	鼓风机房工艺图
比例	1：100

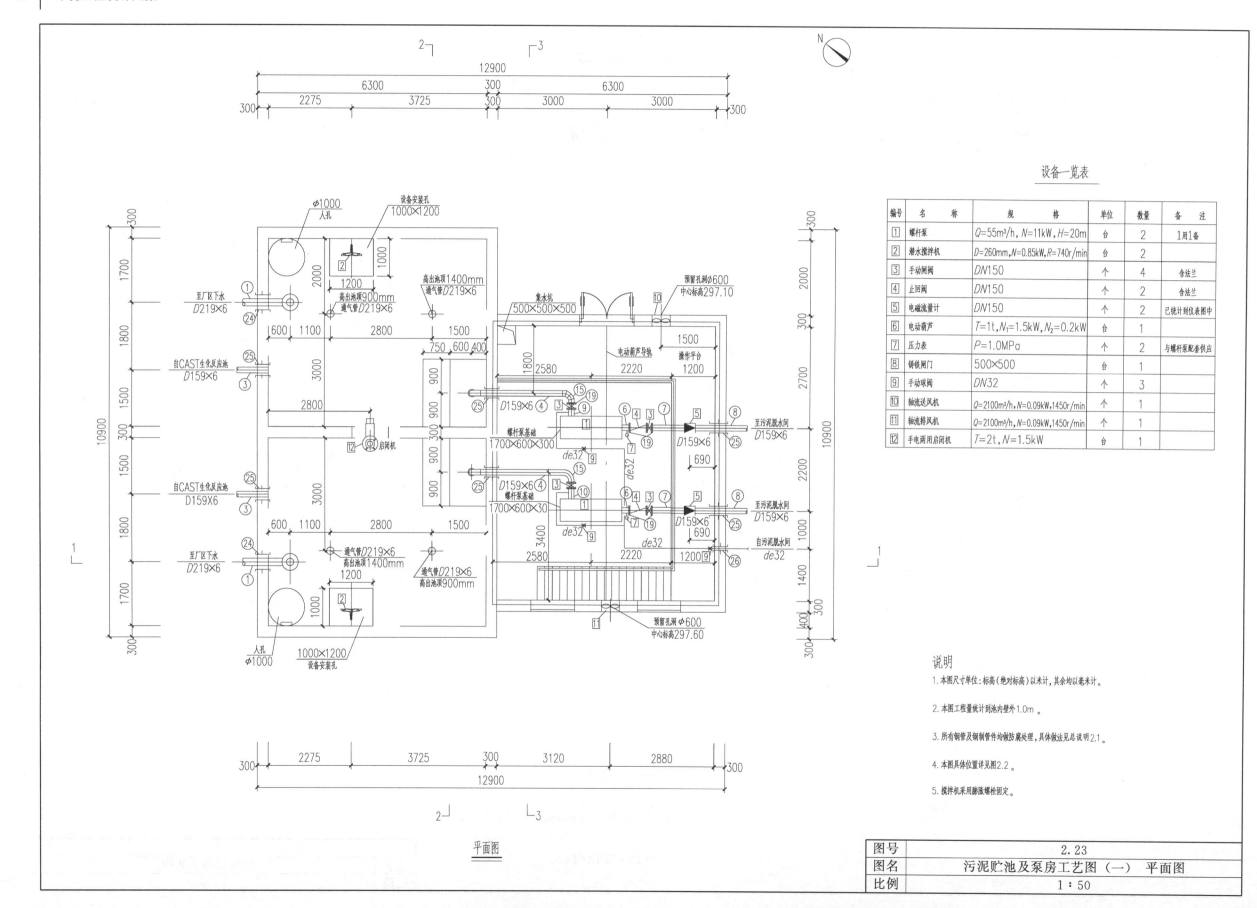

设备一览表

编号	名　称	规　格	单位	数量	备　注
1	螺杆泵	$Q=55m^3/h$，$N=11kW$，$H=20m$	台	2	1用1备
2	潜水搅拌机	$D=260mm$，$N=0.85kW$，$R=740r/min$	台	2	
3	手动闸阀	$DN150$	个	4	含法兰
4	止回阀	$DN150$	个	2	含法兰
5	电磁流量计	$DN150$	个	2	已统计到仪表图中
6	电动葫芦	$T=1t$，$N_1=1.5kW$，$N_2=0.2kW$	台	1	
7	压力表	$P=1.0MPa$	个	2	与螺杆泵配套供应
8	铸铁闸门	$500×500$	台	1	
9	手动球阀	$DN32$	个	3	
10	轴流送风机	$Q=2100m^3/h$，$N=0.09kW$，$1450r/min$	个	1	
11	轴流排风机	$Q=2100m^3/h$，$N=0.09kW$，$1450r/min$	个	1	
12	手电两用启闭机	$T=2t$，$N=1.5kW$	台	1	

说明

1. 本图尺寸单位：标高（绝对标高）以米计，其余均以毫米计。

2. 本图工程量统计到池内壁外1.0m。

3. 所有钢管及钢制管件均做防腐处理，具体做法见总说明2.1。

4. 本图具体位置详见图2.2。

5. 搅拌机采用膨胀螺栓固定。

平面图

图号	2.23
图名	污泥贮池及泵房工艺图（一） 平面图
比例	1：50

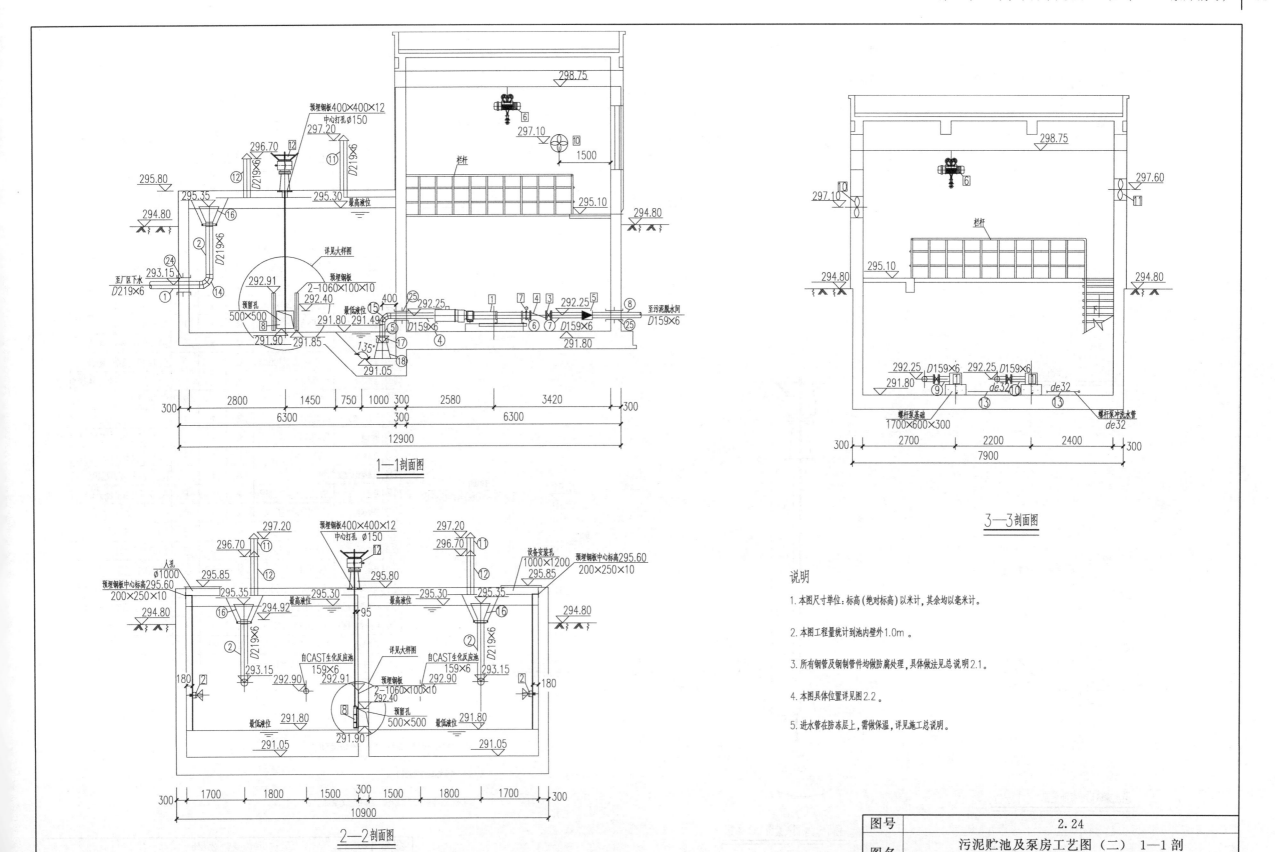

1—1剖面图

2—2剖面图

3—3剖面图

说明

1. 本图尺寸单位：标高（绝对标高）以米计，其余均以毫米计。

2. 本图工程量统计到池内壁外1.0m。

3. 所有钢管及钢制管件均做防腐处理，具体做法见总说明2.1。

4. 本图具体位置详见2.2。

5. 进水管在防冻层上，需做保温，详见施工总说明。

图号	2.24
图名	污泥贮池及泵房工艺图（二）　1—1剖面图、2—2剖面图、3—3剖面图
比例	1：50

A—A剖面图 1:25

拉杆图 示意

拉杆图 示意

吊环图 1:10

溢流喇叭口吊架布置图 1:25

启闭机、闸门安装图 示意

A大样图 示意

工程数量表

编号	名称	规格	材料	单位	数量	质量(kg) 单重	质量(kg) 总重	备注
①	直管	D219×6,L=1610mm	钢	根	2	50.75	101.50	
②	直管	D219×6,L=1480mm	钢	根	2	46.65	93.30	
③	直管	D159×6,L=1300mm	钢	根	2	29.43	58.86	
④	直管	D159×6,L=2250mm	钢	根	2	50.94	101.88	
⑤	直管	D159×6,L=350mm	钢	根	2	7.92	15.85	
⑥	直管	D159×6,L=210mm	钢	根	2	4.75	9.51	
⑦	直管	D159×6,L=900mm	钢	根	2	20.38	40.75	
⑧	直管	D159×6,L=1570mm	钢	根	2	35.54	71.09	
⑨	直管	D159×6,L=196mm	钢	根	1	4.44	4.44	
⑩	直管	D159×6,L=290mm	钢	根	1	6.57	6.57	
⑪	直管	D219×6,L=1600mm	钢	根	2	50.43	100.86	通气管
⑫	直管	D219×6,L=1100mm	钢	根	2	34.67	69.34	通气管
⑬	直管	de32	PE	m	12.67			包含三通、弯头
⑭	90°弯头	DN200	钢	个	2	15.20	30.40	02S403/7
⑮	90°弯头	DN150	钢	个	4	7.10	28.40	02S403/7
⑯	喇叭口	DN200	钢	个	2	10.18	20.36	02S403/71
⑰	吸水喇叭口	DN150×6	钢	个	2	4.8	9.6	02S403/110
⑱	吸水喇叭口支架	ZA2	钢	个	2	10.56	21.12	02S403/112
⑲	法兰	DN150,P=1.0MPa	钢	个	8	6.12	48.96	02S403/78 含螺栓、螺母及垫片
⑳	预埋钢板	150X150X10	钢	块	8			
㉑	吊环	∅16,L=900mm	钢	个	8	1.42	11.36	
㉒	拉杆	∅16,L=1072mm	钢	个	8	1.68	13.44	
㉓	管箍	DN200	钢	个	2	20.60	41.20	
㉔	AⅢ型柔性防水套管	DN200,L=300mm	钢	个	2	45.29	90.58	02S404/7
㉕	AⅢ型柔性防水套管	DN150,L=300mm	钢	个	6	36.17	217.02	02S404/7
㉖	AⅠ型柔性防水套管	DN50,L=300mm	钢	个	1	14.40	14.40	02S404/7
㉗	预埋钢板	400×400×12	钢	块	1			
㉘	预埋钢板	200×250×10	钢	块	2			

说明

1.本图尺寸单位,标高(绝对标高)以米计,其余均以毫米计。

2.本图工程量统计到池内壁外1.0m。

3.所有钢管及钢制管件均做防腐处理,具体做法见总说明2.1。

图号	2.25
图名	污泥贮池及泵房工艺图(三) 阀门安装等详图
比例	

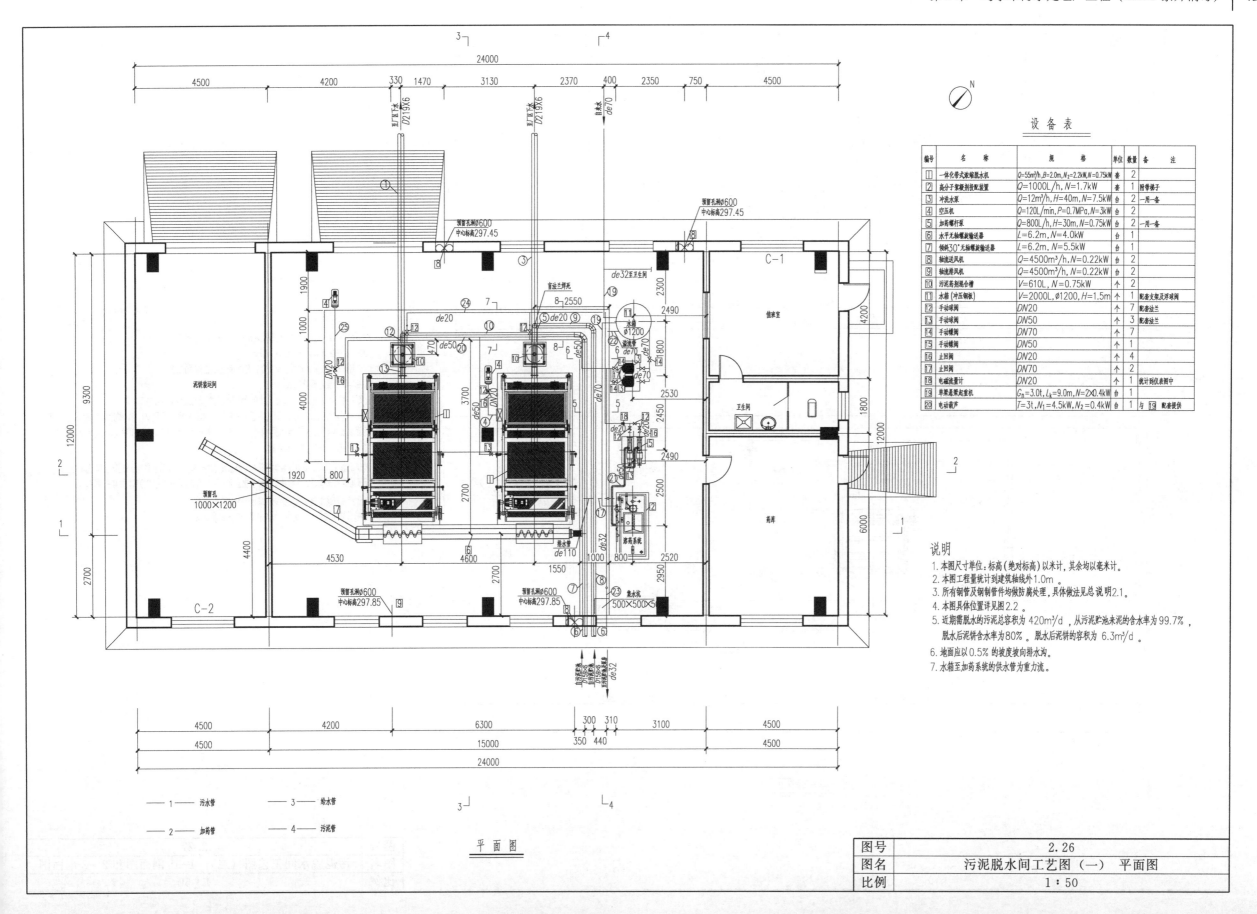

设备表

编号	名　称	规　格	单位	数量	备注
1	一体化带式浓缩脱水机	Q=55m³/h, B=2.0m, N₂=2.2kW, N=0.75kW	套	2	
2	高分子絮凝剂投配装置	Q=1000L/h, N=1.7kW	套	1	附带梯子
3	冲洗水泵	Q=12m³/h, H=40m, N=7.5kW	台	2	一用一备
4	空压机	Q=120L/min, P=0.7MPa, N=3kW	台	2	
5	加药螺杆泵	Q=800L/h, H=30m, N=0.75kW	台	2	一用一备
6	水平无轴螺旋输送器	L=6.2m, N=4.0kW	台	1	
7	倾斜30°无轴螺旋输送器	L=6.2m, N=5.5kW	台	1	
8	轴流送风机	Q=4500m³/h, N=0.22kW	台	1	
9	轴流排风机	Q=4500m³/h, N=0.22kW	台	2	
10	污泥药剂混合槽	V=610L, N=0.75kW	个	2	
11	水箱（冲压钢板）	V=2000L, Ø1200, H=1.5m	个	1	配套支架及浮球阀
12	手动球阀	DN20	个	7	配套法兰
13	手动球阀	DN50	个	3	配套法兰
14	手动蝶阀	DN70	个	7	
15	手动蝶阀	DN50	个	1	
16	止回阀	DN20	个	4	
17	止回阀	DN70	个	2	
18	电磁流量计	DN20			统计到仪表图中
19	单梁悬臂起重机	Gₙ=3.0t, Lₖ=9.0m, N=2×0.4kW	台	1	
20	电动葫芦	T=3t, N₁=4.5kW, N₂=0.4kW	台	1	与 19 配套提供

说明
1. 本图尺寸单位：标高（绝对标高）以米计，其余均以毫米计。
2. 本图工程量统计到建筑轴线外1.0m。
3. 所有钢管及钢制管件均做防腐处理，具体做法见总说明2.1。
4. 本图具体位置详见图2.2。
5. 近期需脱水的污泥总容积为 420m³/d，从污泥贮池来泥的含水率为99.7%，脱水后泥饼含水率为80%。脱水后泥饼的容积为 6.3m³/d。
6. 地面应以 0.5% 的坡度坡向排水沟。
7. 水箱至加药系统的供水管为重力流。

— 1 — 污水管　　— 3 — 给水管
— 2 — 加药管　　— 4 — 污泥管

平面图

图号	2.26
图名	污泥脱水间工艺图（一）　平面图
比例	1 : 50

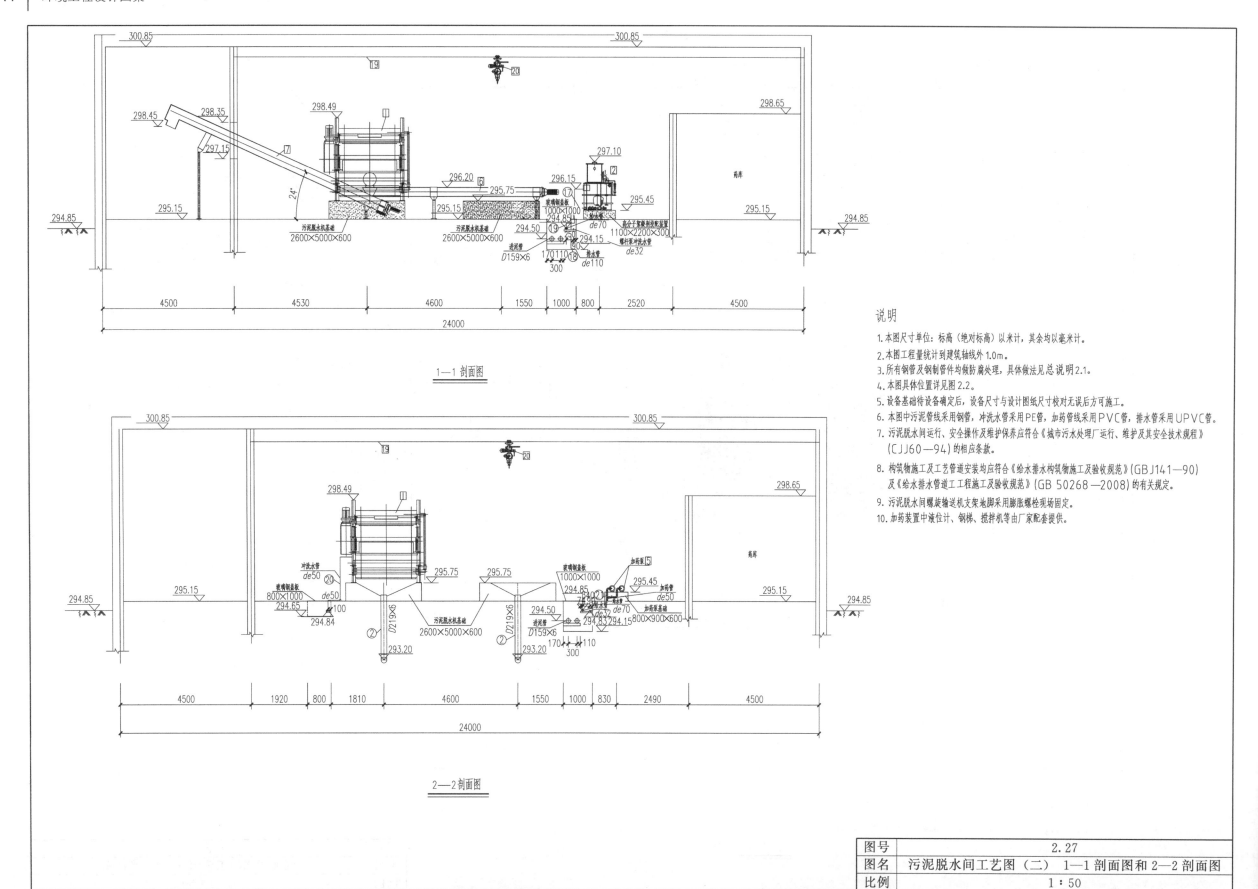

1—1 剖面图

2—2 剖面图

说明

1. 本图尺寸单位：标高（绝对标高）以米计，其余均以毫米计。

2. 本图工程量统计到建筑轴线外1.0m。

3. 所有钢管及钢制管件均做防腐处理，具体做法见总说明2.1。

4. 本图具体位置详见图2.2。

5. 设备基础待设备确定后，设备尺寸与设计图纸尺寸校对无误后方可施工。

6. 本图中污泥管线采用钢管，冲洗水管采用PE管，加药管线采用PVC管，排水管采用UPVC管。

7. 污泥脱水间运行、安全操作及维护保养应符合《城市污水处理厂运行、维护及其安全技术规程》（CJJ60—94）的相应条款。

8. 构筑物施工及工艺管道安装均应符合《给水排水构筑物施工及验收规范》（GBJ141—90）及《给水排水管道工程施工及验收规范》（GB 50268—2008）的有关规定。

9. 污泥脱水间螺旋输送机支架地脚采用膨胀螺栓现场固定。

10. 加药装置中液位计、钢梯、搅拌机等由厂家配套提供。

图号	2.27
图名	污泥脱水间工艺图（二） 1—1剖面图和2—2剖面图
比例	1：50

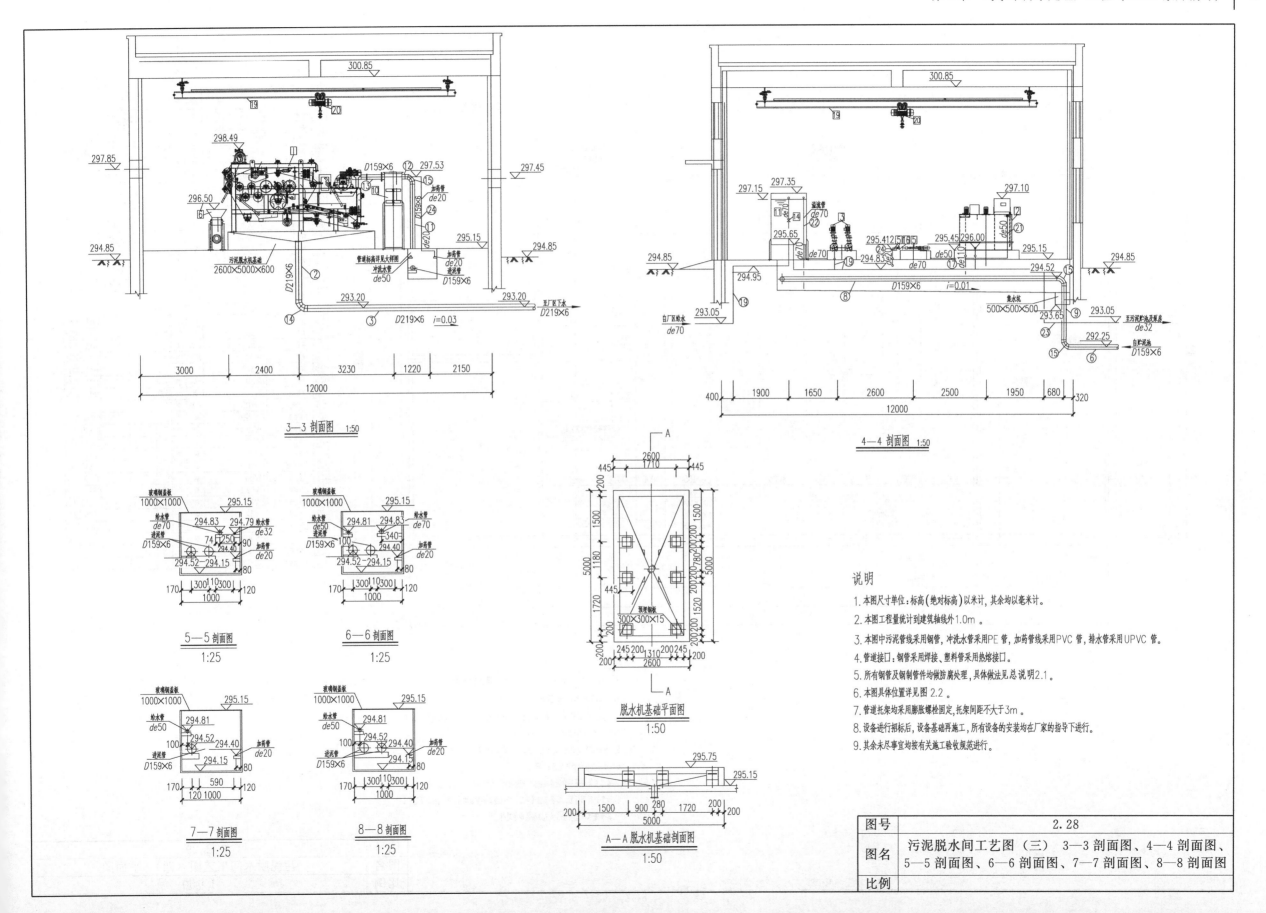

3—3 剖面图　1:50

4—4 剖面图　1:50

5—5 剖面图
1:25

6—6 剖面图
1:25

7—7 剖面图
1:25

8—8 剖面图
1:25

脱水机基础平面图
1:50

A—A 脱水机基础剖面图
1:50

说明

1. 本图尺寸单位：标高（绝对标高）以米计，其余均以毫米计。

2. 本图工程量统计到建筑轴线外 1.0m。

3. 本图中污泥管线采用钢管，冲洗水管采用 PE 管，加药管线采用 PVC 管，排水管采用 UPVC 管。

4. 管道接口：钢管采用焊接，塑料管采用热熔接口。

5. 所有钢管及钢制管件均做防腐处理，具体做法见总说明 2.1。

6. 本图具体位置详见图 2.2。

7. 管道托架采用膨胀螺栓固定，托架间距不大于 3m。

8. 设备进行招标后，设备基础再施工，所有设备的安装均在厂家的指导下进行。

9. 其余未尽事宜均按有关施工验收规范进行。

图号	2.28
图名	污泥脱水间工艺图（三）　3—3 剖面图、4—4 剖面图、5—5 剖面图、6—6 剖面图、7—7 剖面图、8—8 剖面图
比例	

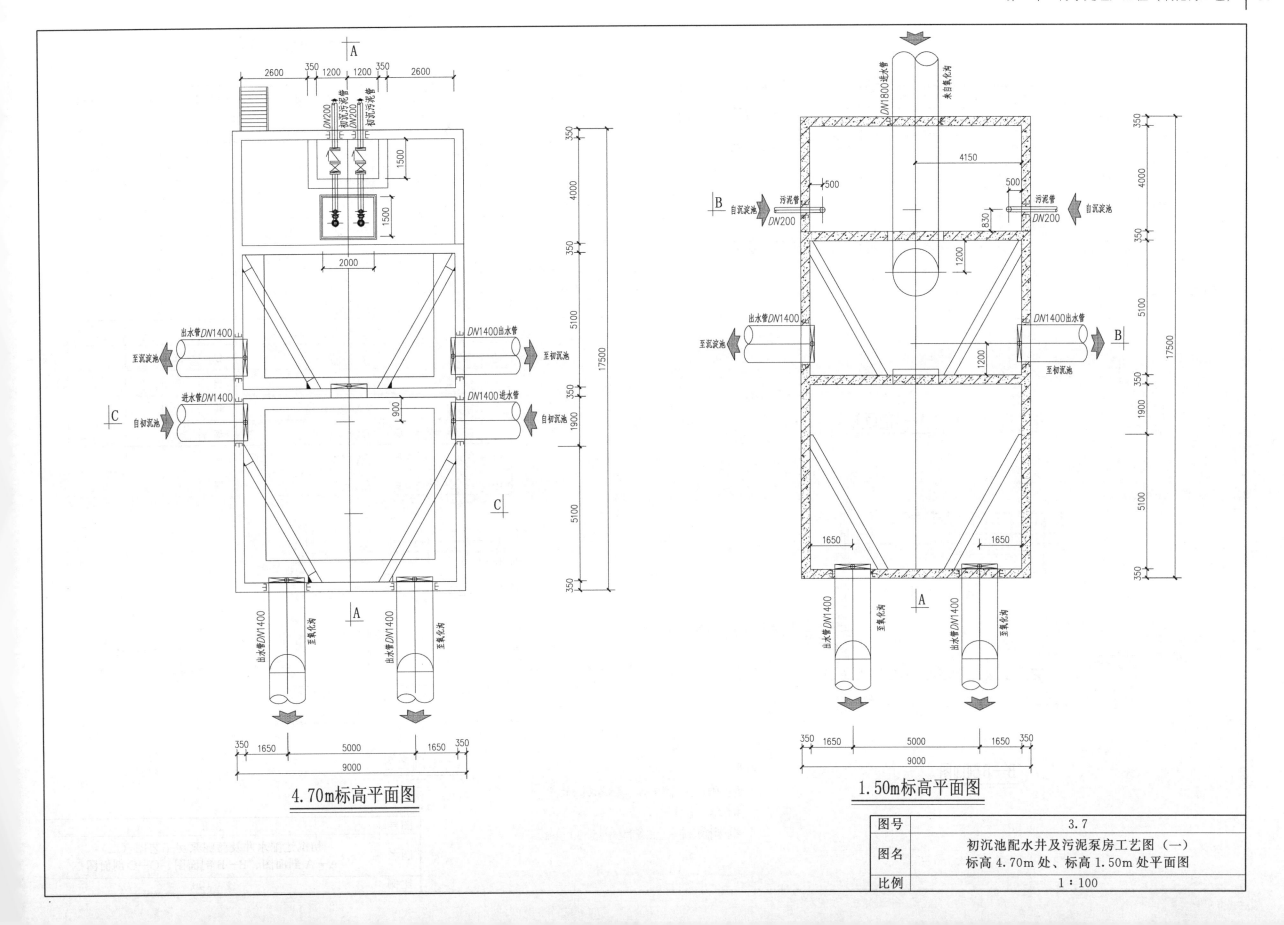

4.70m标高平面图

1.50m标高平面图

图号	3.7
图名	初沉池配水井及污泥泵房工艺图（一） 标高 4.70m 处、标高 1.50m 处平面图
比例	1：100

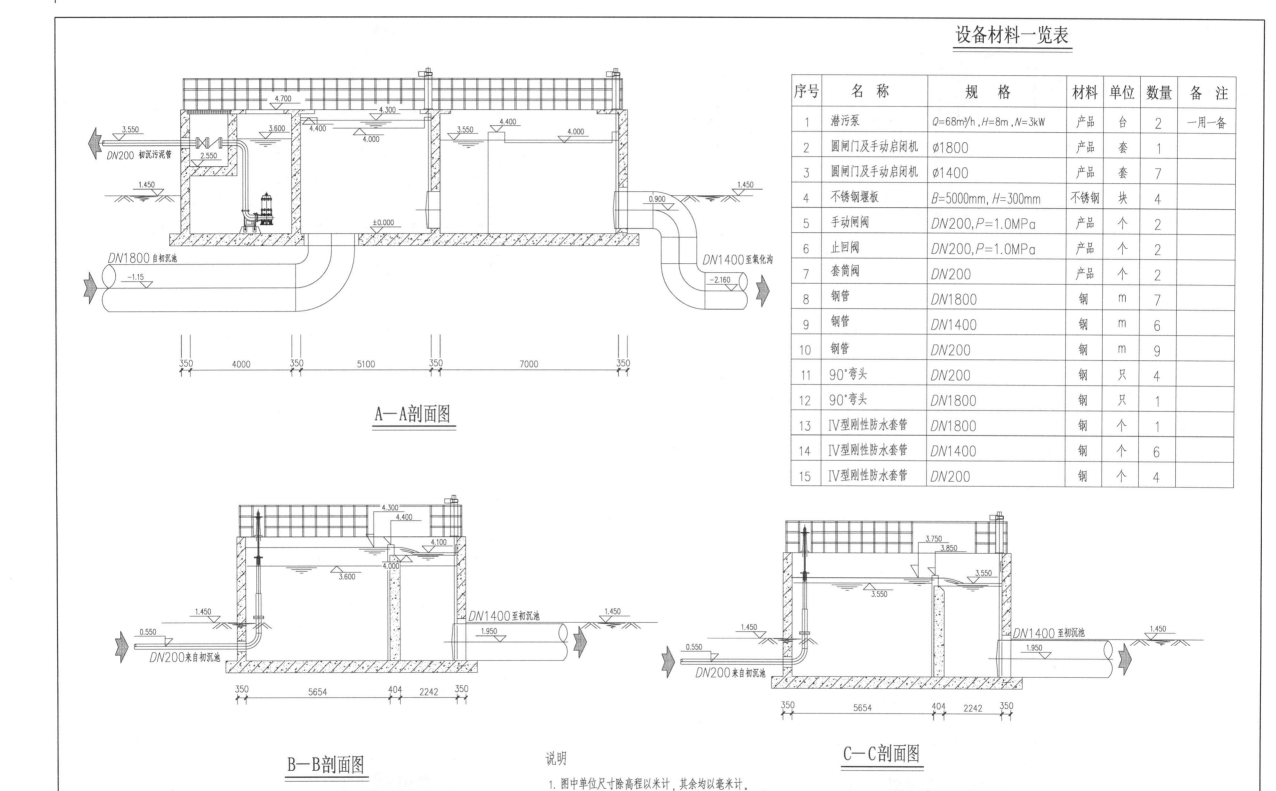

设备材料一览表

序号	名　称	规　格	材料	单位	数量	备　注
1	潜污泵	$Q=68m^3/h, H=8m, N=3kW$	产品	台	2	一用一备
2	圆闸门及手动启闭机	ø1800	产品	套	1	
3	圆闸门及手动启闭机	ø1400	产品	套	7	
4	不锈钢堰板	$B=5000mm, H=300mm$	不锈钢	块	4	
5	手动闸阀	$DN200, P=1.0MPa$	产品	个	2	
6	止回阀	$DN200, P=1.0MPa$	产品	个	2	
7	套筒阀	DN200	产品	个	2	
8	钢管	DN1800	钢	m	7	
9	钢管	DN1400	钢	m	6	
10	钢管	DN200	钢	m	9	
11	90°弯头	DN200	钢	只	4	
12	90°弯头	DN1800	钢	只	1	
13	Ⅳ型刚性防水套管	DN1800	钢	个	1	
14	Ⅳ型刚性防水套管	DN1400	钢	个	6	
15	Ⅳ型刚性防水套管	DN200	钢	个	4	

A—A剖面图

B—B剖面图

C—C剖面图

说明

1. 图中单位尺寸除高程以米计，其余均以毫米计。

2. 材料统计至池外1.5m。

3. 图中标相对标高±0.00等于绝对标高399.55m。

图号	3.8
图名	初沉池配水井及污泥泵房工艺图（二） A—A剖面图、B—B剖面图、C—C剖面图
比例	1∶100

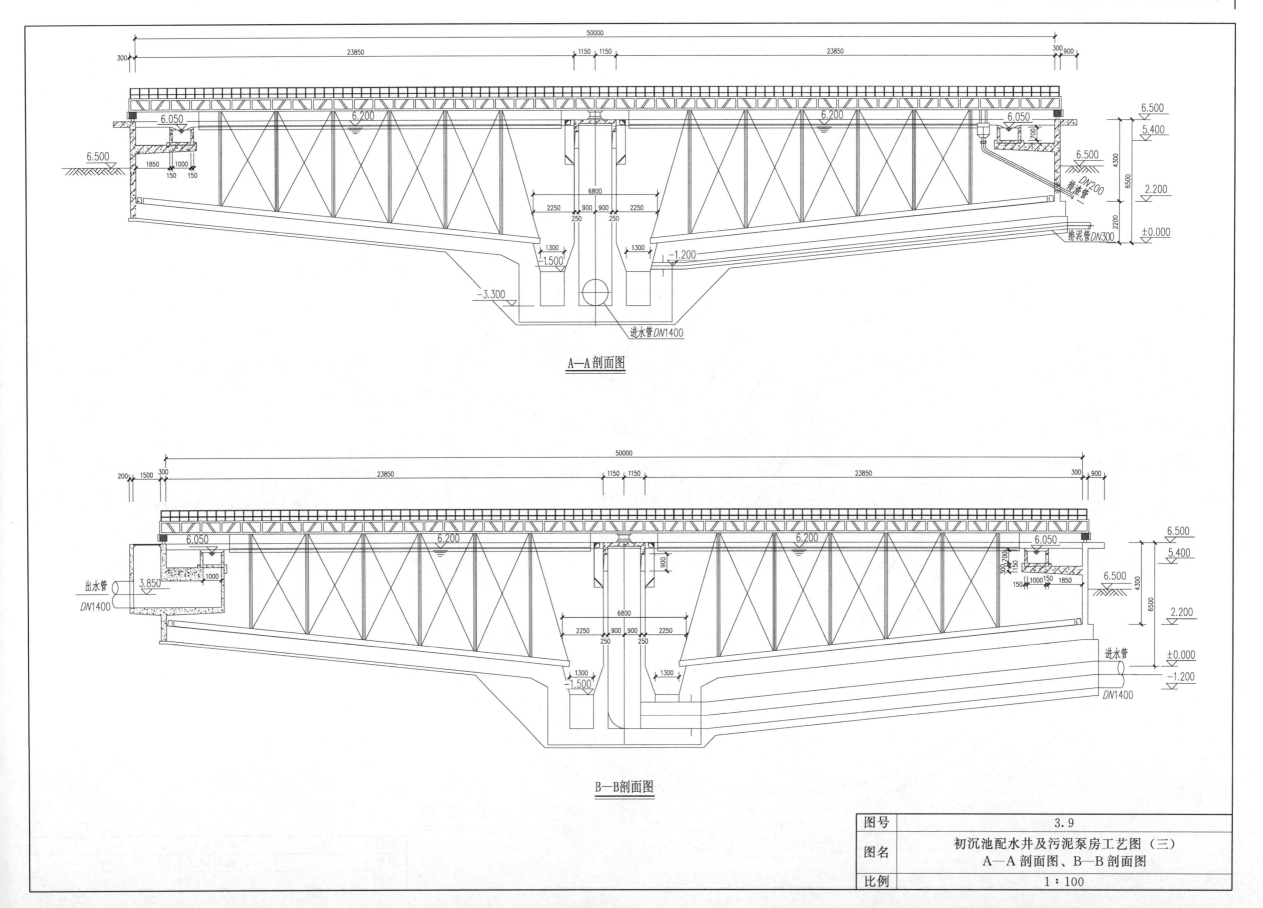

A—A 剖面图

B—B 剖面图

图号	3.9
图名	初沉池配水井及污泥泵房工艺图（三） A—A 剖面图、B—B 剖面图
比例	1∶100

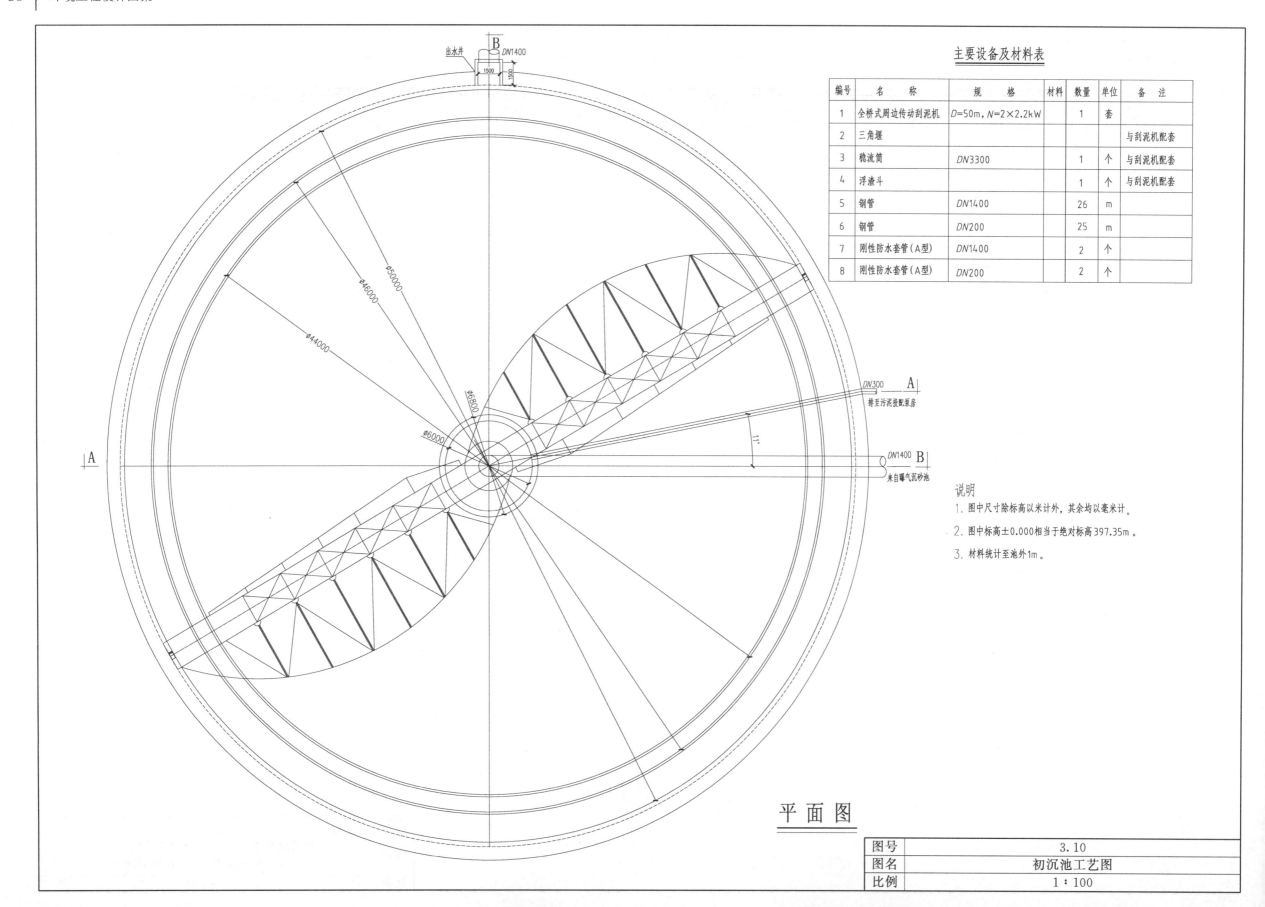

主要设备及材料表

编号	名 称	规 格	材料	数量	单位	备 注
1	全桥式周边传动刮泥机	D=50m, N=2×2.2kW		1	套	
2	三角堰					与刮泥机配套
3	稳流筒	DN3300		1	个	与刮泥机配套
4	浮渣斗			1	个	与刮泥机配套
5	钢管	DN1400		26	m	
6	钢管	DN200		25	m	
7	刚性防水套管（A型）	DN1400		2	个	
8	刚性防水套管（A型）	DN200		2	个	

出水井　DN1400

DN300　A
排至污泥投配泵房

DN1400　B
来自曝气沉砂池

说明

1. 图中尺寸除标高以米计外，其余均以毫米计。

2. 图中标高±0.000相当于绝对标高397.35m。

3. 材料统计至池外1m。

平 面 图

图号	3.10
图名	初沉池工艺图
比例	1：100

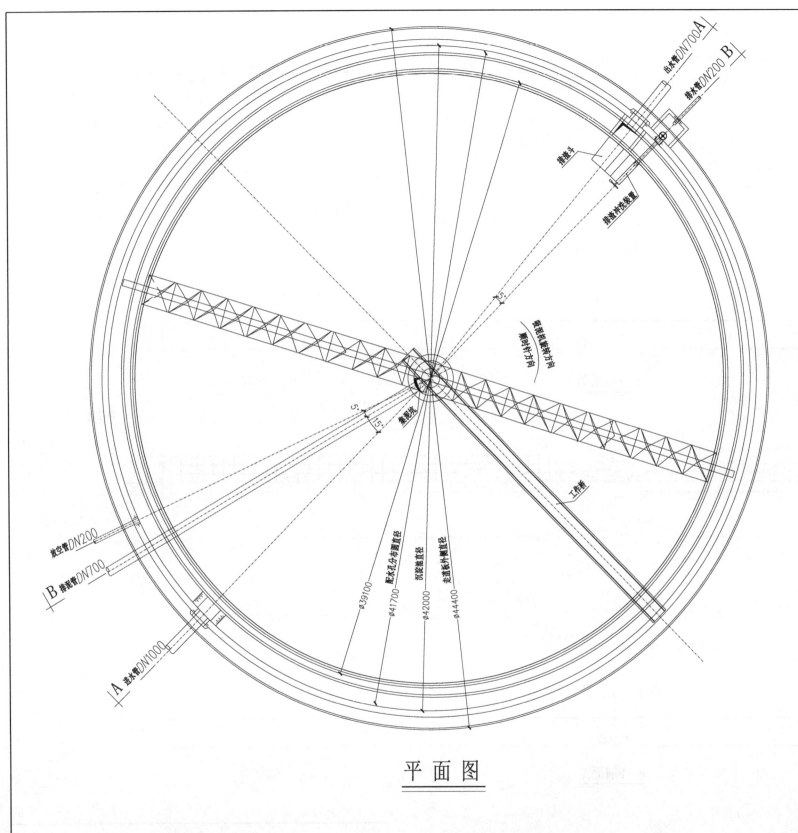

主要设备材料表

序号	名　　　称	规　　格	材　料	单位	数量	备　注
1	中心传动单管吸泥机	∅=42m，N=0.75kW		台	1	包括浮渣斗、浮渣挡板、挡水裙板、折流板等
2	排渣堰门（带手动启闭机）	B×H=500mm×500mm	铸铁	个	1	
3	浮渣斗		不锈钢（S304）	个	1	单管吸泥机配套
4	浮渣斗支架		不锈钢（S304）	个	1	单管吸泥机配套
5	出水三角堰	B=120mm，L=242m，δ=3mm	不锈钢（S304）	套	1	单管吸泥机配套
6	浮渣挡板	B=120mm，L=118m，δ=3mm	不锈钢（S304）	套	1	单管吸泥机配套
7	挡水裙板	B=120mm，L=130m，δ=3mm	碳钢防腐	套	1	单管吸泥机配套
8	配水孔管挡板		碳钢防腐	套	1	单管吸泥机配套
9	刚性防水套管（A型）	DN700		个	2	
10	刚性防水套管（A型）	DN600		个	1	
11	刚性防水套管（A型）	DN200		个	1	
12	刚性防水套管（A型）	DN150		个	1	
13	镀锌钢管	DN150，L=150mm		个	2	
14	镀锌钢管	DN100，L=300mm		个	115	
15	镀锌钢管	DN1000		m	6	
16	镀锌钢管	DN700		m	25	
17	镀锌钢管	DN200		m	4	
18	镀锌钢管	DN150		m	4	

说明

1. 终沉池池内底标高为±0.00，相当于绝对高程396.72m。

2. 图中尺寸除标高以米计外，其余均以毫米计。

3. 图中所示为1号终沉池，其他终沉池与此池相同，管道布置详见工艺总图。

4. 终沉池配用中心传动单管吸泥机1台，其他设备均与吸泥机配套。

5. 设备材料按一座终沉池统计至池外1m处。

平 面 图

图号	3.11
图名	二沉池工艺图（一）　平面图
比例	1：100

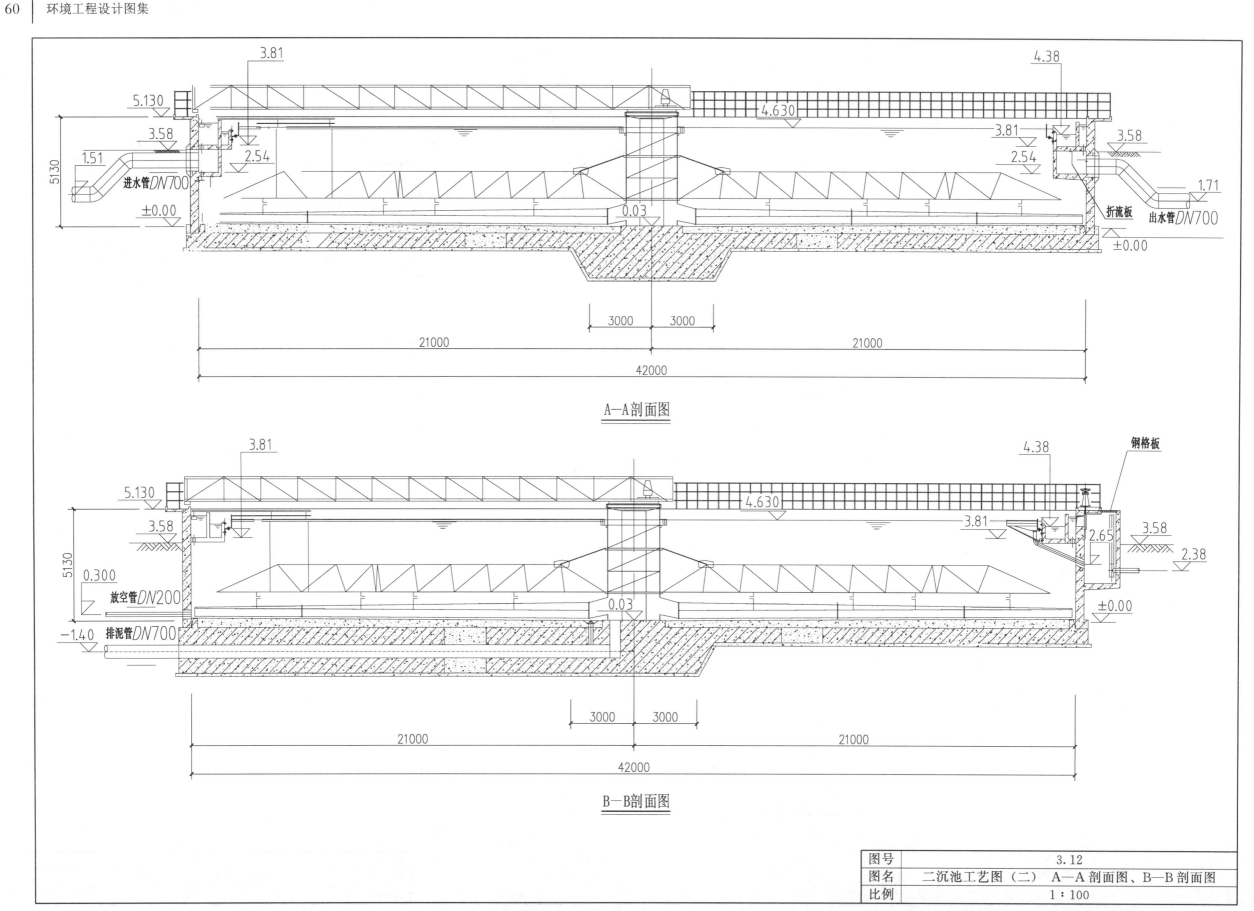

A—A剖面图

B—B剖面图

图号	3.12
图名	二沉池工艺图（二） A—A剖面图、B—B剖面图
比例	1∶100

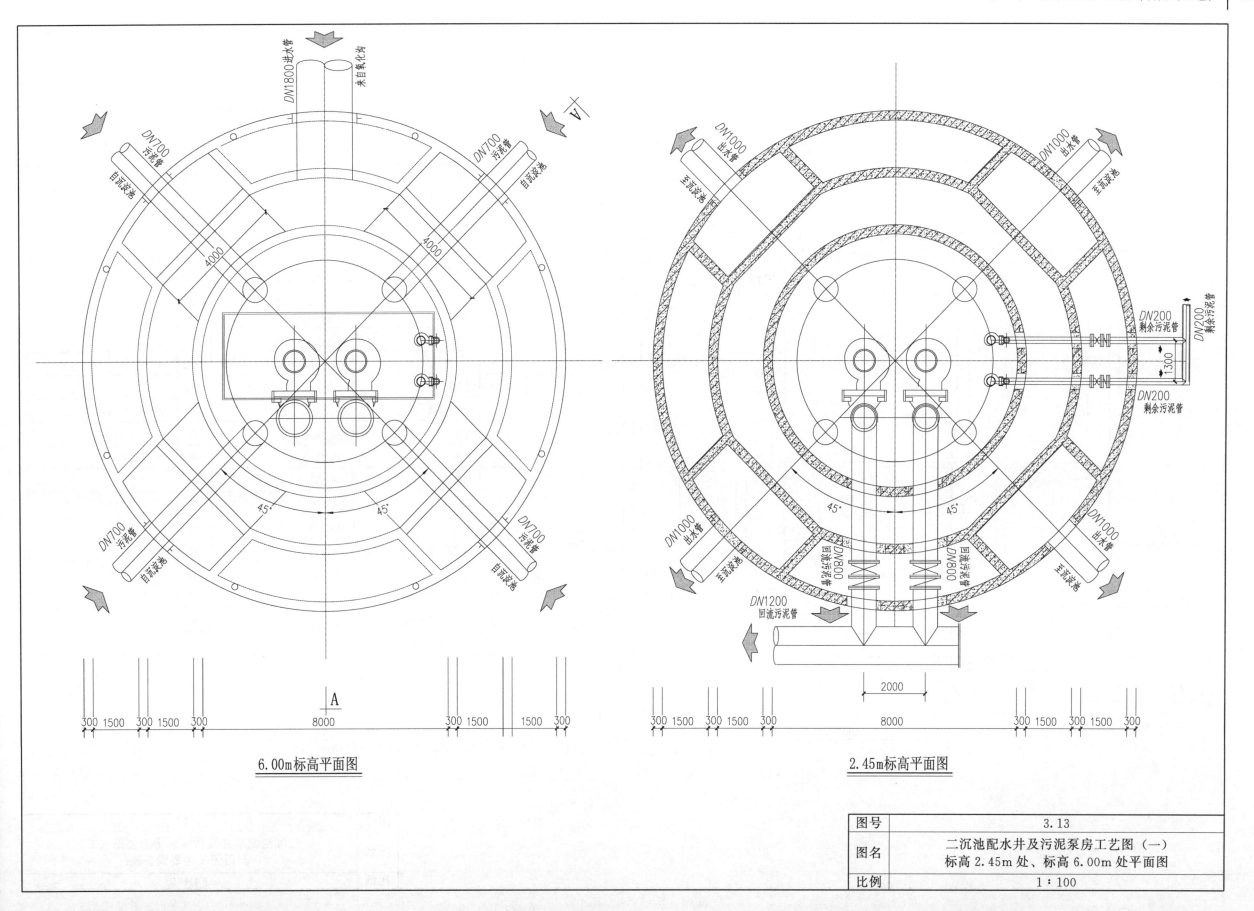

6.00m标高平面图

2.45m标高平面图

图号	3.13
图名	二沉池配水井及污泥泵房工艺图（一） 标高2.45m处、标高6.00m处平面图
比例	1：100

设备材料一览表

序号	名 称	规 格	材料	单位	数量	备 注
1	潜污泵（回流污泥）	$Q=637L/s$，$H=5.0m$，$N=55kW$	产品	台	3	库存一台
2	潜污泵（剩余污泥）	$Q=26L/s$，$H=8m$，$N=5.5kW$	产品	台	2	一用一备
3	单梁悬挂起重机及CD_1电葫芦	$T=3t$，$S=8.0m$，起升电动机$N=4.5kW$，运行电动机$N=0.4kW+2\times0.4kW$，提升高度18m	产品	个	1	
4	工字钢	$20a$，$L=16m$	钢	根	1	
5	电动调节堰	$L\times B=4000mm\times350mm$，钢板壁厚6mm，$H=0\sim500mm$	产品	台	4	
6	蝶阀	$DN800$，$P=1.0MPa$	产品	个	2	
7	蝶阀	$DN200$，$P=1.0MPa$	产品	个	2	
8	止回阀	$DN800$，$P=1.0MPa$	产品	个	2	
9	止回阀	$DN200$，$P=1.0MPa$	产品	个	2	
10	套筒排泥阀	$DN700$	产品	个	4	
11	钢管	$DN1800$	钢	m	3.0	
12	钢管	$DN1000$	钢	m	4.5	
13	钢管	$DN800$	钢	m	20	
14	钢管	$DN700$	钢	m	50	
15	钢管	$DN200$	钢	m	20	
16	IV型刚性防水套管	$DN1800$	钢	个	1	
17	IV型刚性防水套管	$DN1000$	钢	个	4	
18	IV型刚性防水套管	$DN800$	钢	个	6	
19	IV型刚性防水套管	$DN700$	钢	个	4	
20	IV型刚性防水套管	$DN200$	钢	个	2	

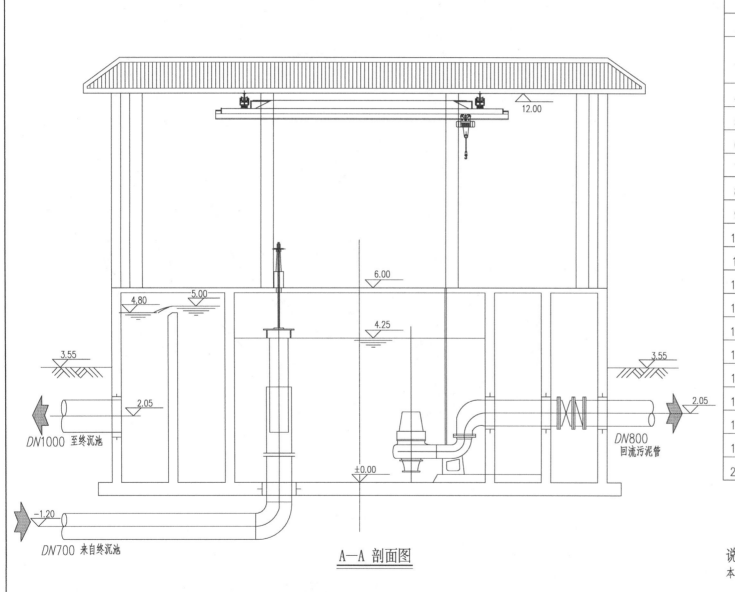

A—A 剖面图

说明

本图中相对标高±0.000m相当于绝对标高396.75m.

图号		3.14
图名		二沉池配水井及污泥泵房工艺图（二）剖面图及主要设备表
比例		1：100

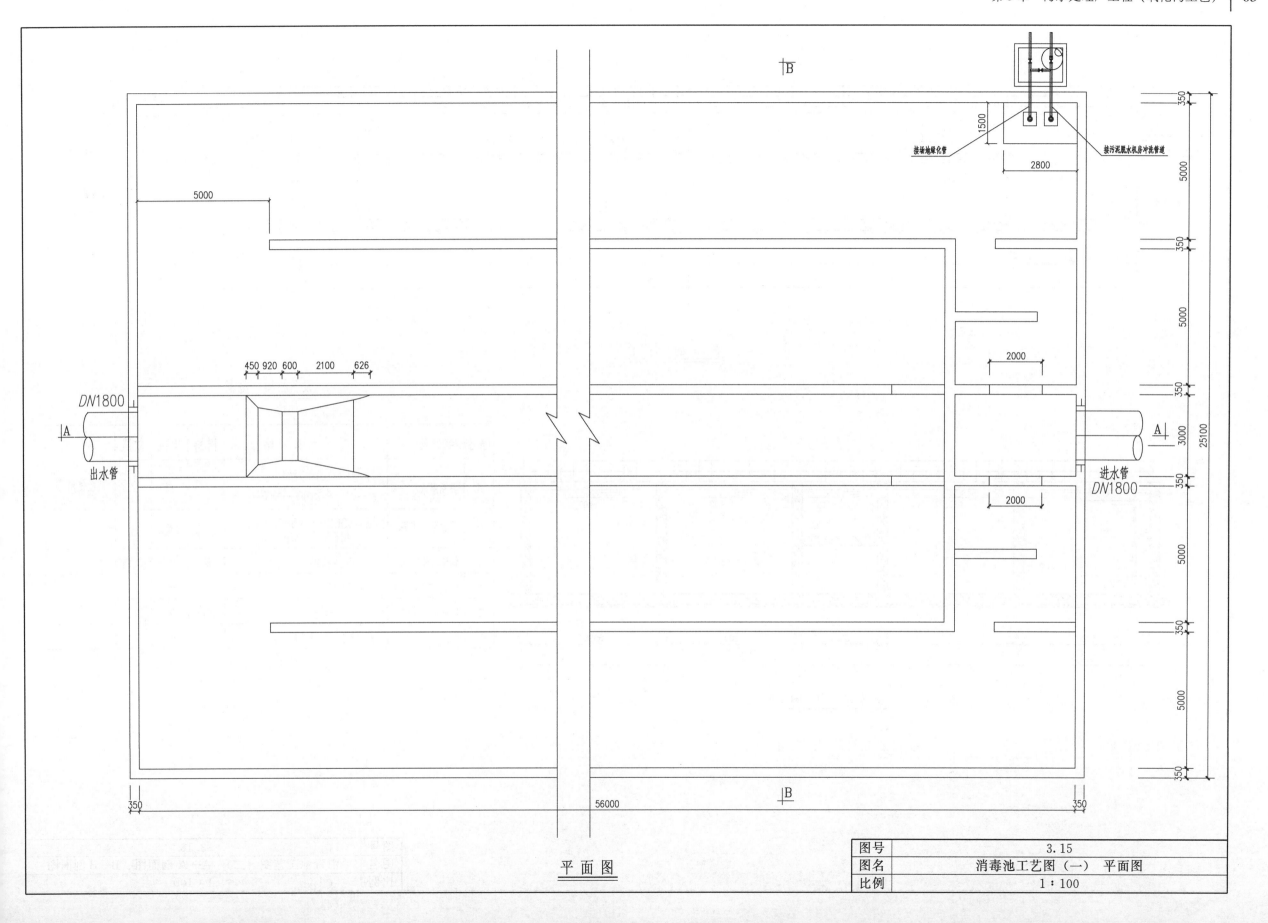

接矽地硬化管

接污泥脱水机房冲洗管道

DN1800

出水管

进水管
DN1800

平 面 图

图号	3.15
图名	消毒池工艺图（一） 平面图
比例	1：100

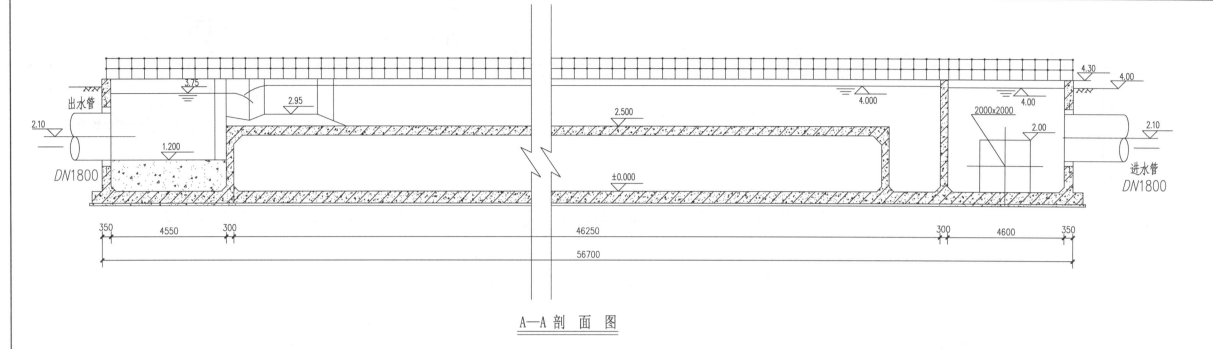

A—A 剖 面 图

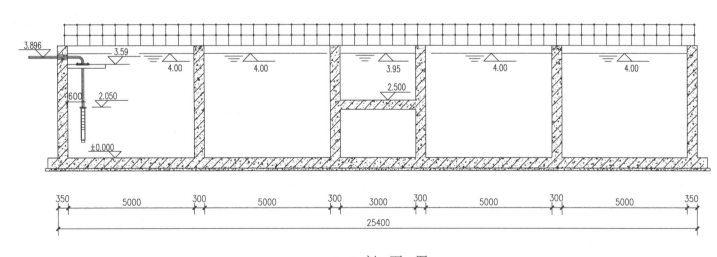

B—B 剖 面 图

设备材料一览表

序号	名 称	规 格	材料	单位	数量	备 注
1	井用潜水泵	$Q=10\sim16m^3/h$ $H=55\sim40m, N=3\,kW$	产品	台	2	间歇使用
2	不锈钢矩形堰	$L\times B=3000mm\times350mm$, 钢板壁厚4mm	产品	块	8	
3	钢管	$DN1800$	钢	m	3.0	
4	Ⅳ型刚性防水套管	$DN1800$	钢	个	2	
5	巴歇尔计量槽		产品	套	1	
6	蝶阀	$DN80, P=1.0MPa$	铸铁	个	3	

图号	3.16
图名	消毒池工艺图（二） A—A剖面图、B—B剖面图
比例	1∶100

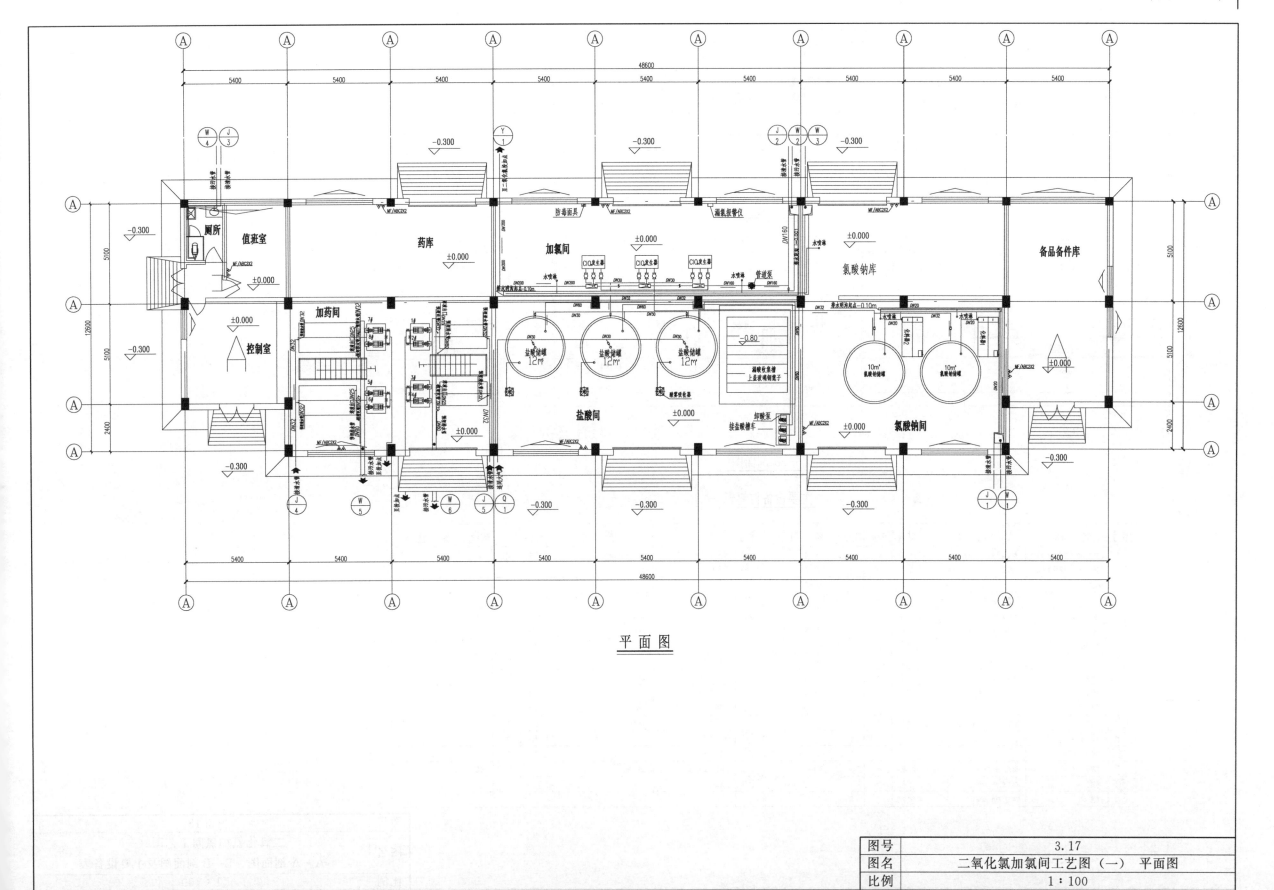

平 面 图

图号	3.17
图名	二氧化氯加氯间工艺图（一）　平面图
比例	1：100

第4章 污泥处理工程(中温厌氧消化工艺)

×××污水处理厂污泥处理工程——设计总说明

一、设计依据
1. ×××污水处理厂一期的运行资料。
2. ×××污水处理厂二期的可研、初步设计文件。
3. 采用的主要标准和规范
(1)《城镇污水处理厂污水污泥排放标准》(GJ 3025—1993)。
(2)《城镇污水处理厂污泥处理分类》(GB/T 23484—2009)。
(3)《城镇污水处理厂污泥泥质》(GB 24188—2009)。
(4)《城镇污水处理厂污泥处置 园林绿化用泥质》(GB/T 23486—2009)。
(5)《城镇污水处理厂污泥处置 土地改良用泥质》(GB/T 24600—2009)。
(6)《城镇污水处理厂污泥处置 混合填埋用泥质》(GB/T 23485—2009)。
(7)《城镇污水处理厂染物排放标准》(GB 18918—2002)。
(8)《室外排水设计规范》(GB 20014—2006)(2014 版)。
(9)《室外给水设计规范》(GB 20013—2006)。
(10)《建筑设计防火规范》(GB 20016—2014)。
(11)《消防给水及消火栓系统技术规范》(GB 50974—2014)。
(12)《城镇燃气设计规范》(GB 50028—2006)。

二、工程概况
1. 设计规模及收泥范围
(1)设计规模:本工程拟建一座污泥处理厂,设计规模为150t/天,含水率按80%计。
(2)收泥范围:本污泥处理厂接收×××2座污水处理厂产生的污泥。其中,×××污水处理厂一期设计规模为10万吨/天,×××污水处理厂二期设计规模为10万吨/天。

2. 进泥泥质指标
×××污水厂一期污泥2013年8月中8天的实测值

序号	检测项目	实测值	单位
1	总磷	3644.13~8278.17	mg/kg
2	总钾	52.26~211.861	mg/kg
3	镉	2.415~4.201	mg/kg
4	铅	30.754~60.85	mg/kg
5	砷	0.023~0.029	mg/kg
6	镍	29.725~42.821	mg/kg
7	铜	104.238~155.159	mg/kg
8	汞	0.044~0.106	mg/kg
9	锌	66.6~222.946	mg/kg
10	pH	6.39~6.81	
11	含水率	81.16~82.76	%
12	有机物	48.6~55.6	%
13	有机质	390~580	g/kg

3. 污泥处置目标
本工程的处理目标是污泥经过热水解+厌氧消化处理,实现污泥的减量化、稳定化和无害化。厌氧过程中产生的沼气将被用于工艺过程循环利用,降低运行成本,实现资源化。处理后的污泥产品可以达到《城镇污水处理厂污泥处置 园林绿化用泥质》(GB/T 23486—2009)的要求,可以用于城市绿化。土壤改良等领域。

4. 工程厂址与占地
本工程厂址位于×××污水处理厂一期南侧预留地,占地约1.1ha。

5. 处理工艺
本工程采用"热水解+中温厌氧消化+深度脱水"工艺处理污泥。除臭工艺采用生物除臭和化学除臭两种方式,其中,污泥进料间采用生物除臭,水热反应间采用化学除臭。

6. 厂区给排水设计
(1)厂区消防用水、水热的机械密封和换热器的冷却用水取自综合泵房及泵池,管网按照环状布置。

(2)厂区生活用水和其他生产用水取自厂区现有供水管网。
(3)厂区排水体制为合流制,厂区生活污水,生产废水,池体放空水和雨水均经管道收集后重力流入污水处理厂排水管网。

7. 消防给水设计
(1)室外消防 厂区内污泥进料间、水热反应间。污泥综合泵房及泵池和综合泵房及泵池为戊类建筑;污泥脱水间及变电所和锅炉房为丁类建筑;沼气净化间为甲类建筑,建筑体积<1500m³;厌氧消化罐为甲类气体储罐,容积<1500m³,沼气储柜为甲类气体储罐,容积为2000m³,根据《建筑设计防火规范》(GB 50016—2014)、《城镇燃气设计规范》(GB 50028—2006)和《消防给水及消火栓系统技术规范》(GB 50974—2014)取消防用水量15L/s,火灾延续时间按3h考虑,同一时间内火灾起数按1起确定。
(2)室内消防 根据《消防给水及消火栓系统技术规范》(GB 50974—2014)及建筑物的消防规范,本工程建筑物的室内消防设施只需配手提式磷酸铵盐干粉灭火器。

8. 技术来源
本工程关键技术为"污泥热水解+中温厌氧发酵+深度脱水"技术,由北京SY能源环保发展股份有限公司(以下简称"北京SY")提供,本工程的处理工艺流程是根据北京SY提供的"污泥热水解+中温厌氧发酵+深度脱水"技术并由北京SY担保整体工艺流程的合理性而确定的。

三、图纸标注说明
1. 除厂区工程——总图子项外,其他子项图中尺寸单位:高程以米计,其余以毫米计。
2. 高程系为黄海高程系。
3. 厂区工程——总图子项中尺寸单位:除管道长度、标高以米计外,其余均以毫米计。
4. 厂区工程——总图子项中所注标高均为绝对标高,除厂区排水管道所注标高为管内底标高外,其他管道所注标高均为管中心标高,部分特殊注明的除外。
5. 本图中坐标:建筑物为轴线坐标,方形池子为内壁坐标,圆形池子为中心坐标,道路为中心坐标,方井为内壁坐标,方井为内壁坐标。

四、管道工艺设计说明
1. 厂区地下工艺管道设置
根据厂区工艺要求,厂区地下设置的工艺管道有污泥工艺管道、给水管道、污水管道、雨水管道、回流水管道、冷却循环水管道,各管道的表达方式详见图例。

2. 管道材质
(1)污泥工艺管道、回流水管道、冷却循环水管道采用钢管,管径≥300mm,采用螺旋缝焊接钢管;管径<300mm采用无缝钢管。
(2)厂区自来水管道采用HDPE管(1.0MPa),室内自来水管采用给水PP-R管(1.0MPa)。
(3)室内卫生器具的排水管道及其管件采用建筑排水硬聚氯乙烯管(PVC-U)。
(4)厂区污水、雨水管道采用钢筋混凝土管(采用承插口管),根据覆土高度选用不同等级的管道。

3. 管道连接
(1)钢管的连接除注明为法兰连接外,均采用电弧焊接,焊丝或焊条应与母材成分相当,坡口形式、尺寸、焊材等按《现场设备、工业管道焊接工程施工及验收规范》(GB 50236—2011)。管道壁厚厚度大于14mm采用X坡口,小于等于14mm采用V坡口;焊缝须进行无损探伤检查,现场T形焊缝须进行100%的X射线探伤,环形焊缝应进行2.5%X射线探伤,焊缝质量以达到《承压设备无损检测射线检测》(JB/T 4730.2—2005)的III级。其他未写说明按《给水排水管道工程施工及验收规范》(GB 50268—2008)、《工业金属管道工程施工规范》(GB 50235—2010)和《现场设备、工业管道焊接工程施工规范》(GB 50236—2011)等规范执行。
(2)室内排水采用硬聚氯乙烯管(PVC-U),de≥63 的管道采用橡胶圈连接,其他规格采用承插粘接连接;塑料管与金属管配件、阀门等的连接采用螺纹连接。
(3)室内给水聚丙烯管道(PP-R)的连接采用热熔连接(应使用专用热熔工具),与金属管件或卫生洁具五金配件的过渡接头采用带金属嵌件的过渡接头螺纹连接。
(4)钢筋混凝土管的接口采用橡胶圈柔性接口,接口做法详见国标04S516-

23、24。

4. 管道开槽
(1)根据现场实际情况采用明开槽或支撑槽方式,因本工程地下管线较多,应采取先深槽后浅槽的施工方法,多头并进,流水作业,交叉工作,避免施工顺序安排不当,反复刨槽带来经济损失。
(2)明开槽边坡系数可采用1:2(或施工单位根据现场实际情况进行调整的其他值),沟槽开挖成槽后,槽顶严禁出现震动荷载,成槽后应尽快铺设管道,避免长时间晾槽。
(3)施工排水:施工时应根据地下水情况制定合理的沟槽排水方案,降低地下水位至槽底0.5m,设计建议如积水坑加排水沟的方案排除沟内积水。
(4)槽底原状地基土不得扰动,机械开挖时槽底预留 0.2~0.3m 土层由人工开挖至设计高度,严禁超挖。如发现淤泥应清至硬底,然后换填碎石,并整平夯实,槽底如有坚硬物体必须清除,用砂石回填处理。
(5)以上管沟开槽基本要求,详细要求见《给水排水管道工程施工及验收规范》(GB 50268—2008)。

5. 管道基础
(1)钢管基础做法
①如敷设地基为原状老土(遇软弱土基应另行处理),采用90°砂石基础,钢管下铺设砂垫层。垫层厚度当管径 DN 小于1000mm时厚度为200mm,当管径 DN 大于或等于1000mm时厚度为300mm。
②如遇软弱土层(地基承载力特征值<100kPa),应超挖500mm,超挖部分回填级配碎石,并分层压实。
③如遇扰动土或填土,应清除至稳定土层,超挖深度在500mm以内时,超挖部分回填级配碎石,并分层压实。超挖深度在500mm以上时,基础底500mm以内回填级配碎石,其余部分回填可压实土(当土壤含水率较高,不易压实时,可掺灰后回填),并分层压实。
(2)钢筋混凝土管基础做法
钢筋混凝土管道应符合《混凝土和钢筋混凝土排水管》(GB/T 11836—1999)标准。管道基础采用砂石基础,其做法详见《混凝土排水管基础及接口》,图集号为04S516,根据管道覆土深度选择不同级别的钢筋混凝土管以及相应的基础做法。管道覆土≤3m时,采用II级钢筋混凝土管,基础采用120°砂石基础;管道覆土>3.0m,≤4.5m时采用II级管,基础采用石基础;覆土>4.5m,≤7m时采用III级管,基础采用180°砂石基础。如遇软弱土层,扰动土或填土时,采用和钢管相同的处理方式。
(3)塑料管基础做法 塑料管采用砂垫层基础。对一般的土质地段,基底可铺设一层厚度为0.15m的中粗砂基础;对软土地基,且槽底处在地下水位以下时,宜铺厚度为0.25m的砂砾碎层。基础做法详见《给水排水标准图集》(图集号04S520)。《埋地聚乙烯给水管道工程技术规程》(CJJ 101—2004)、《室外硬聚乙烯给水管道工程施工规程》(CECS 17:2000)以及相关行业、企业的规范标准。

6. 管道回填
(1)钢筋混凝土管、钢管回填 管道位于车行道下,沟槽槽底至管顶以上 0.4m 范围内回填细砂,回填密实度达到90%以上,管顶以上 0.4m 至地面按道路要求施工。道路以外的管道、沟槽内回填可用压实素土,当素土含水率较高,不能达到压实度要求时需进行掺灰处理,其密实度不低于90%。
(2)塑料管回填 管道位于当年修路路的车行道下或管道位于软土层的地段时,沟槽回填应先用中、粗砂将管底腋脚部位填充密实,然后用中、粗砂或石屑分层回填至管顶以上 0.4m,其上可回填可压实素土。沟槽应分层对称回填、夯实,每层回填高度应不大于 0.2m。其他部位可用压实素土,其密实度不小于85%,其上管顶0.4m范围内应压实0.4m以上或未修建道路,按修筑路面或地面要求施工。道路以外的管道,从管底至0.7D(管径)还填碎石,其上还填可压实素土,密实度达到90%以上。槽底在管基支撑角2a范围内必须用中砂或粗砂填充密实,与管壁紧密接触,不得用土或其他材料填充。

图号	4.1
图名	污水处理厂污泥处理工程设计总说明
比例	

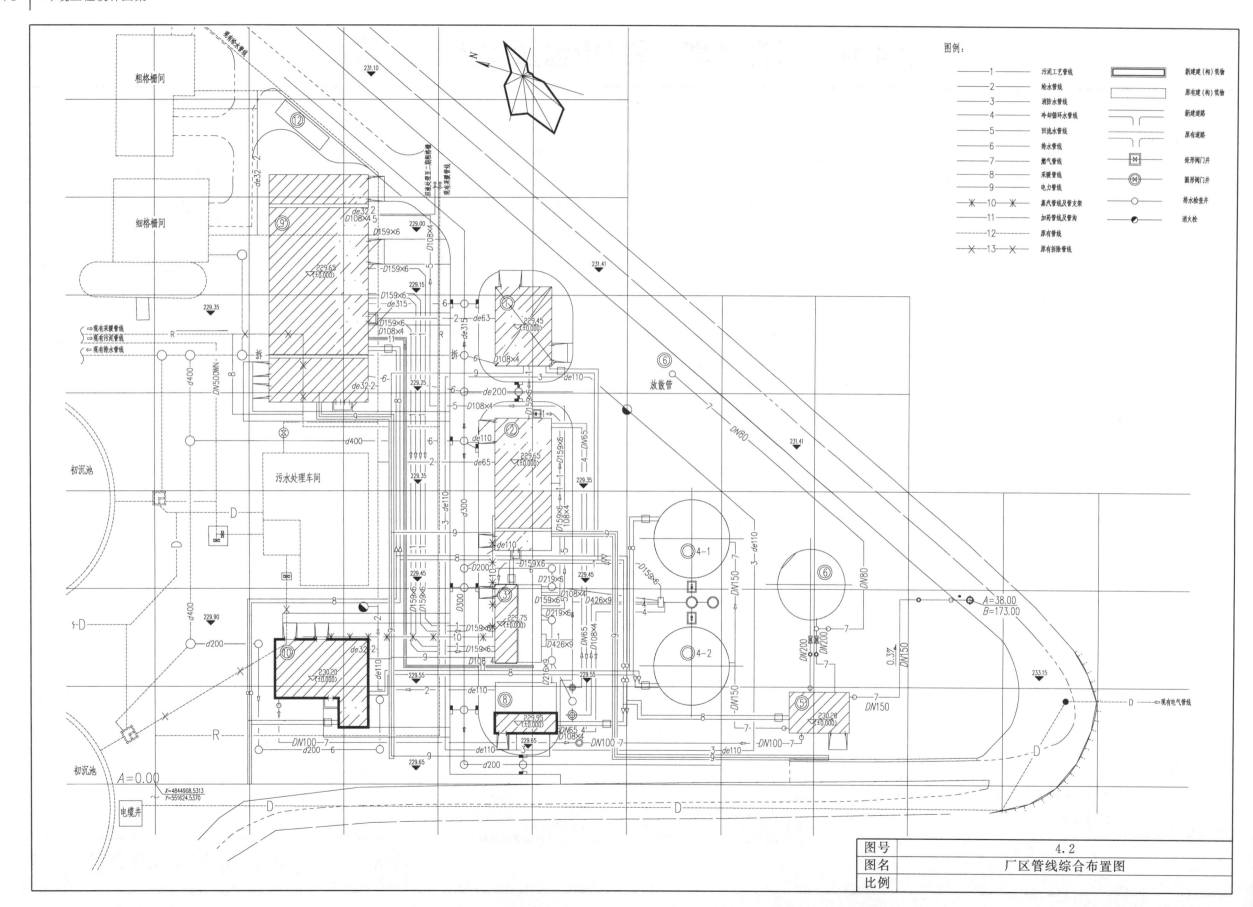

图例:

——1——	污泥工艺管线	新建建(构)筑物
——2——	给水管线	原有建(构)筑物
——3——	消防水管线	新建道路
——4——	冷却循环水管线	原有道路
——5——	回流水管线	
——6——	排水管线	矩形阀门井
——7——	燃气管线	圆形阀门井
——8——	采暖管线	排水检查井
——9——	电力管线	消火栓
——※—10—※——	蒸汽管线及管支架	
——11——	加药管线及管沟	
----12----	原有管线	
——※—13—※——	原有拆除管线	

图号	4.2
图名	厂区管线综合布置图
比例	

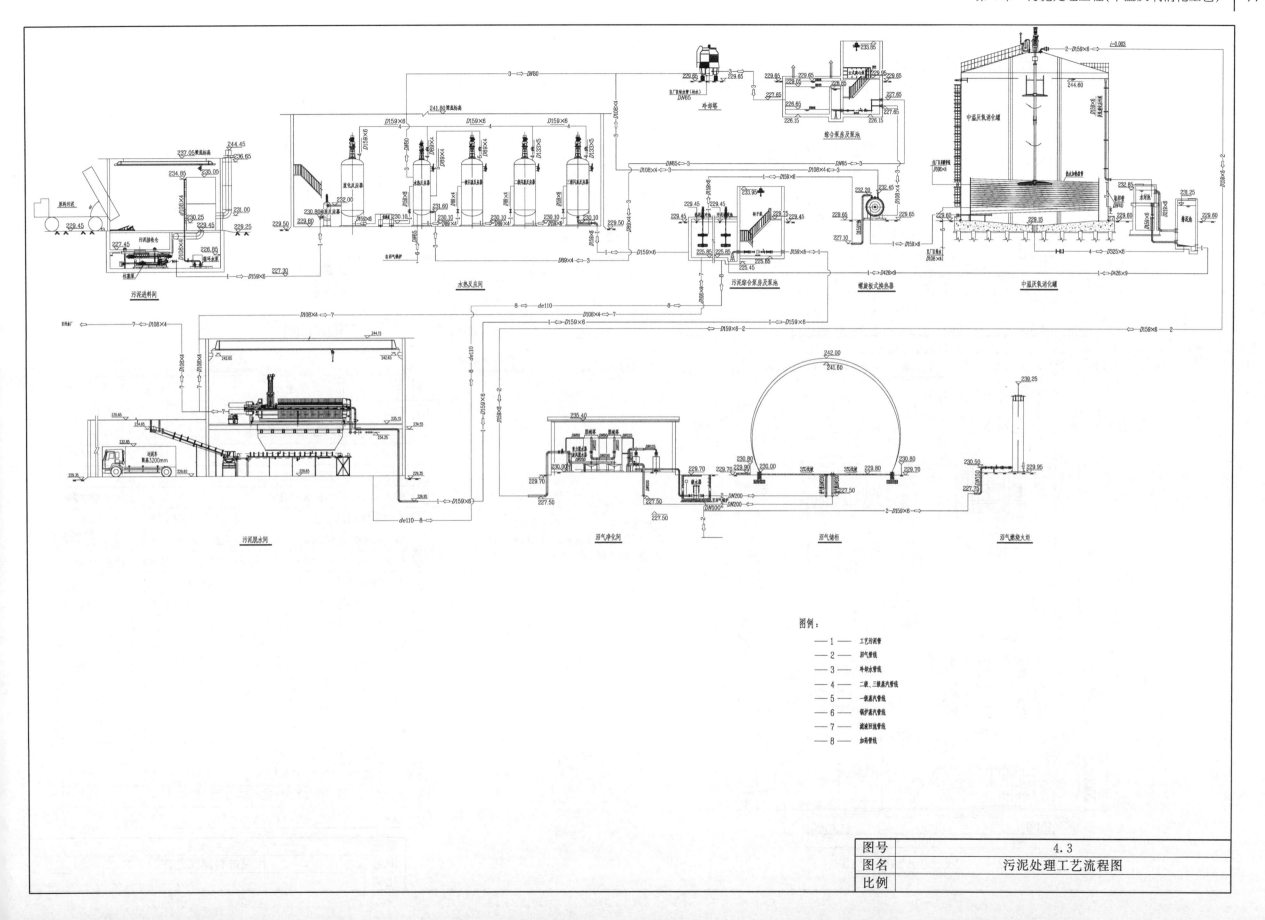

图例:

—— 1 —— 工艺污泥管
—— 2 —— 沼气管线
—— 3 —— 冷却水管线
—— 4 —— 二级、三级蒸汽管线
—— 5 —— 一级蒸汽管线
—— 6 —— 锅炉蒸汽管线
—— 7 —— 滤液回流管线
—— 8 —— 加药管线

图号	4.3
图名	污泥处理工艺流程图
比例	

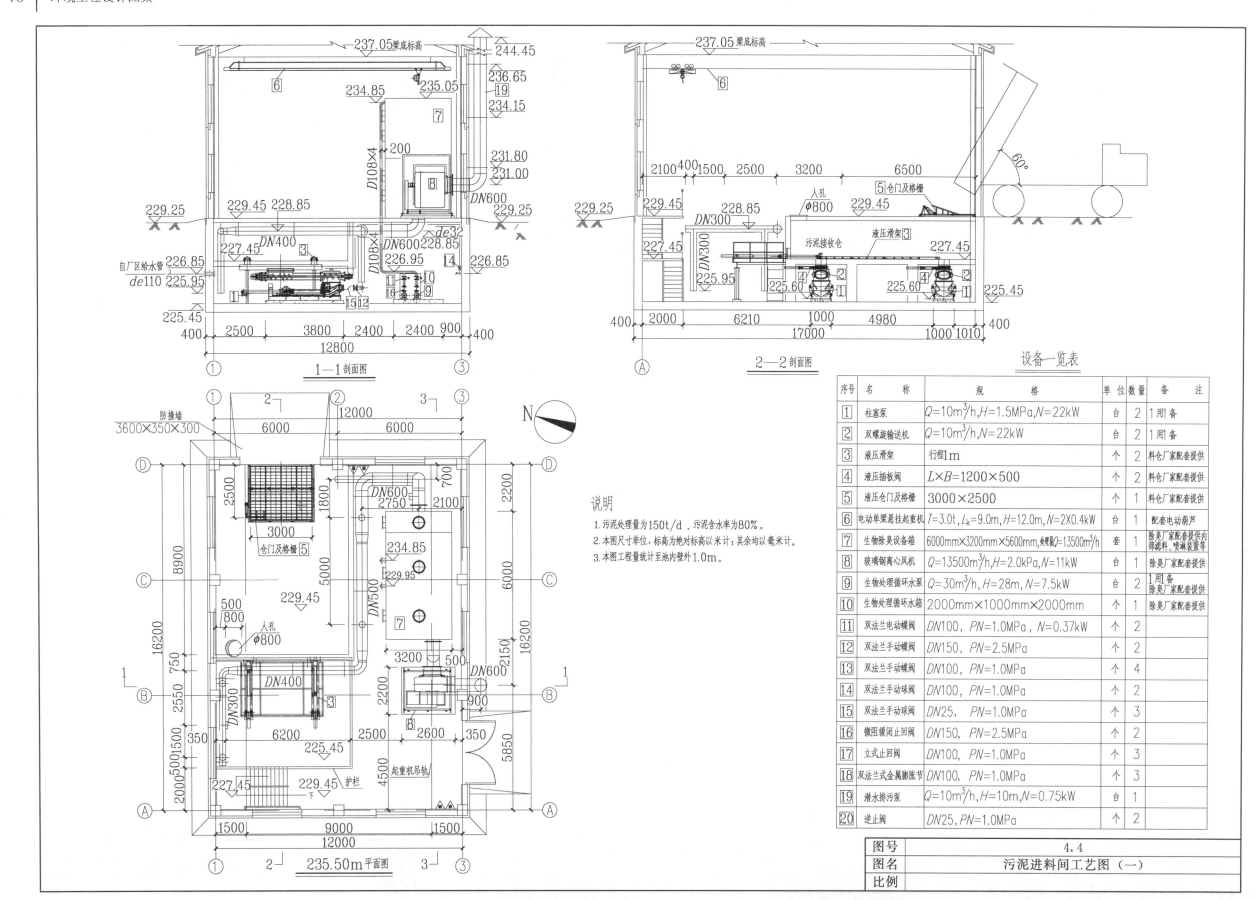

说明

1. 污泥处理量为150t/d，污泥含水率为80%。

2. 本图尺寸单位，标高为绝对标高以米计；其余均以毫米计。

3. 本图工程量统计至池内壁外1.0m。

设备一览表

序号	名　称	规　格	单位	数量	备　注
1	柱塞泵	$Q=10m^3/h, H=1.5MPa, N=22kW$	台	2	1用备
2	双螺旋输送机	$Q=10m^3/h, N=22kW$	台	2	1用备
3	液压滑架	行程1m	个	2	料仓厂家配套提供
4	液压插板阀	$L×B=1200×500$	个	2	料仓厂家配套提供
5	液压仓门及格栅	$3000×2500$	个	1	料仓厂家配套提供
6	电动单梁悬挂起重机	$T=3.0t, L_k=9.0m, H=12.0m, N=2×0.4kW$	台	1	配套电动葫芦
7	生物除臭设备箱	6000mm×3200mm×5600mm, 烟量$Q=13500m^3/h$	套	1	除臭厂家配套提供内部滤料、喷淋装置等
8	玻璃钢离心风机	$Q=13500m^3/h, H=2.0kPa, N=11kW$	台	1	除臭厂家配套提供
9	生物处理循环水泵	$Q=30m^3/h, H=28m, N=7.5kW$	台	2	1用1备 除臭厂家配套提供
10	生物处理循环水箱	2000mm×1000mm×2000mm	个	1	除臭厂家配套提供
11	双法兰电动蝶阀	$DN100, PN=1.0MPa, N=0.37kW$	个	2	
12	双法兰手动蝶阀	$DN150, PN=2.5MPa$	个	2	
13	双法兰手动蝶阀	$DN100, PN=1.0MPa$	个	4	
14	双法兰手动球阀	$DN100, PN=1.0MPa$	个	2	
15	双法兰手动球阀	$DN25, PN=1.0MPa$	个	3	
16	微阻缓闭止回阀	$DN150, PN=2.5MPa$	个	2	
17	立式止回阀	$DN100, PN=1.0MPa$	个	3	
18	双法兰式金属膨胀节	$DN100, PN=1.0MPa$	个	3	
19	潜水排污泵	$Q=10m^3/h, H=10m, N=0.75kW$	台	1	
20	逆止阀	$DN25, PN=1.0MPa$	个	2	

图号	4.4
图名	污泥进料间工艺图（一）
比例	

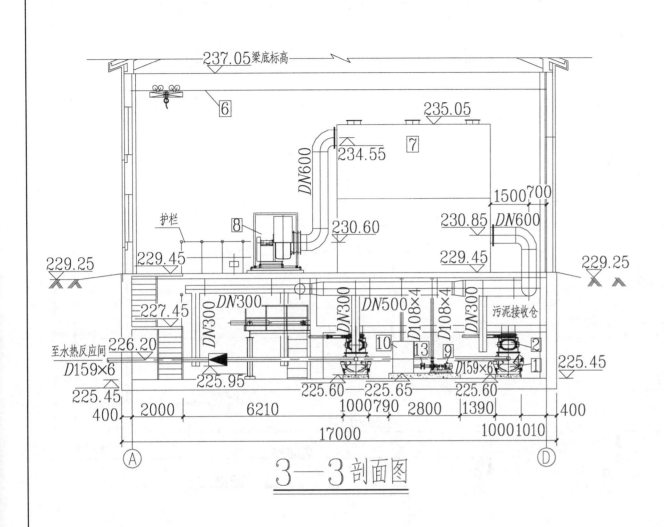

3—3 剖面图

说明
1.本图尺寸单位为毫米；标高为绝对标高以米计。
2.本图工程量统计至池内壁外1.0m。

工程数量表

编号	名　称	规　格	材料	单位	数量	单重	总重	备　注
①	无缝钢管	$D159×6$	钢	m	19.2	22.64	434.69	输泥管线
②	无缝钢管	$D108×4$	钢	m	20.0	10.26	205.20	循环水管线
③	无缝钢管	$D108×4$	钢	m	2.0	10.26	20.52	排水管线
④	玻璃钢管	$DN600$	玻璃钢	m	22.0			除臭管线
⑤	玻璃钢管	$DN500$	玻璃钢	m	7.0			除臭管线
⑥	玻璃钢管	$DN400$	玻璃钢	m	18.0			除臭管线
⑦	玻璃钢管	$DN300$	玻璃钢	m	16.7			除臭管线
⑧	给水管	$de110$	PE	m	20.0			
⑨	给水管	$de32$	PE	m	15.0			
⑩	钢零件		钢	t	1			
⑪	玻璃钢零件		玻璃钢	t	1			
⑫	AⅡ型柔性防水套管	$DN150, L=400mm$		个	1	36.17	36.17	02S404/7 配套螺栓、螺母、垫片
⑬	AⅠ型柔性防水套管	$DN100, L=400mm$		个	1	14.40	14.40	02S404/7 配套螺栓、螺母、垫片
⑭	百叶风口	$350×200$		个	3			除臭管线厂家配套提供
⑮	水龙头	$DN25$	钢	个	1			

图号	4.5
图名	污泥进料间工艺图（二）
比例	

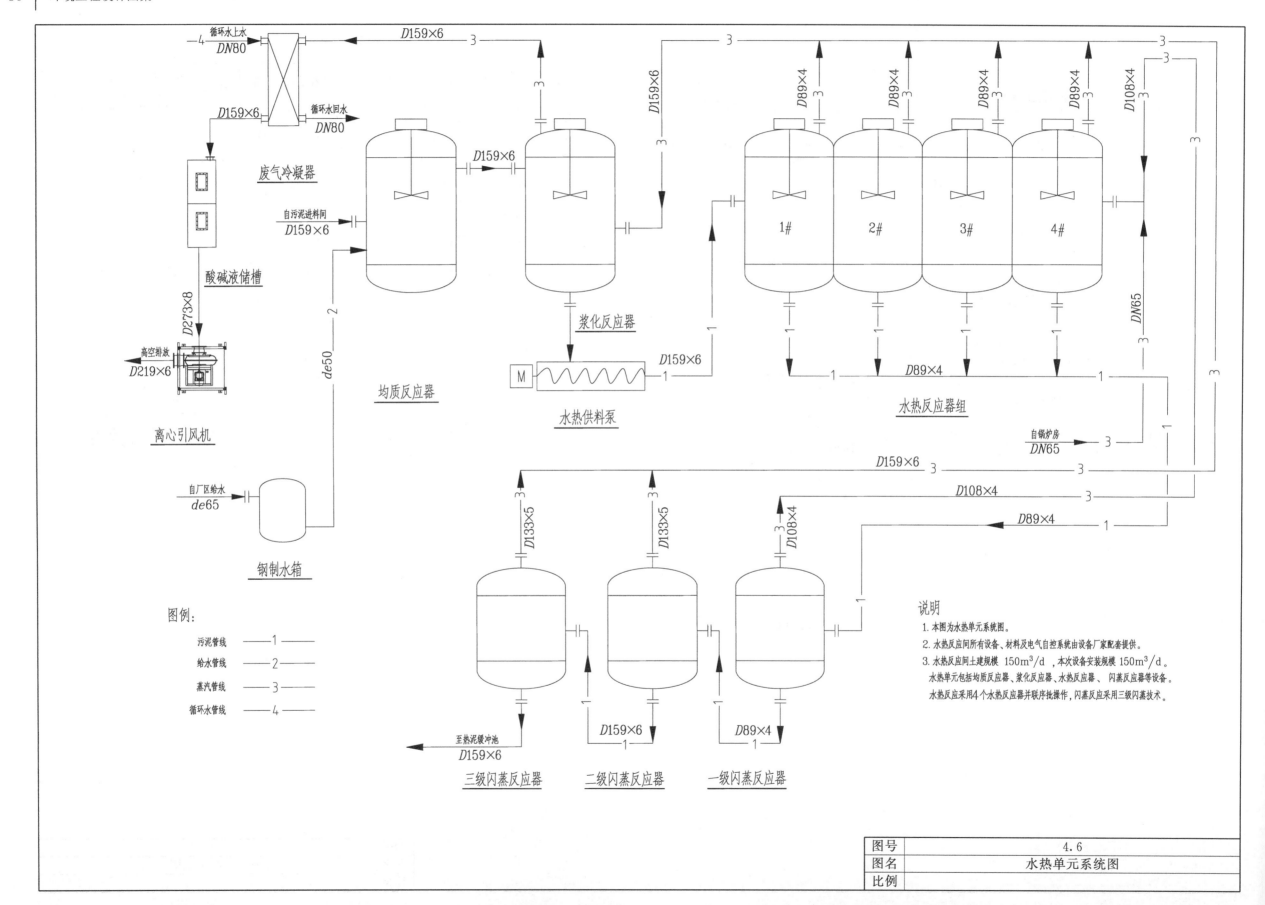

循环水上水 DN80
循环水回水 DN80
废气冷凝器
酸碱液储槽
高空排放 D219×6
离心引风机
自厂区给水 de65
钢制水箱
自污泥进料间 D159×6
均质反应器
浆化反应器
水热供料泵
1# 2# 3# 4#
水热反应器组
自锅炉房 DN65
三级闪蒸反应器
二级闪蒸反应器
一级闪蒸反应器
至热泥缓冲池 D159×6

图例:
污泥管线 ——1——
给水管线 ——2——
蒸汽管线 ——3——
循环水管线 ——4——

说明
1. 本图为水热单元系统图。
2. 水热反应间所有设备、材料及电气自控系统由设备厂家配套提供。
3. 水热反应间土建规模 150m³/d ,本次设备安装规模 150m³/d。
   水热单元包括均质反应器、浆化反应器、水热反应器、闪蒸反应器等设备。
   水热反应采用4个水热反应器并联序批操作,闪蒸反应采用三级闪蒸技术。

图号	4.6
图名	水热单元系统图
比例	

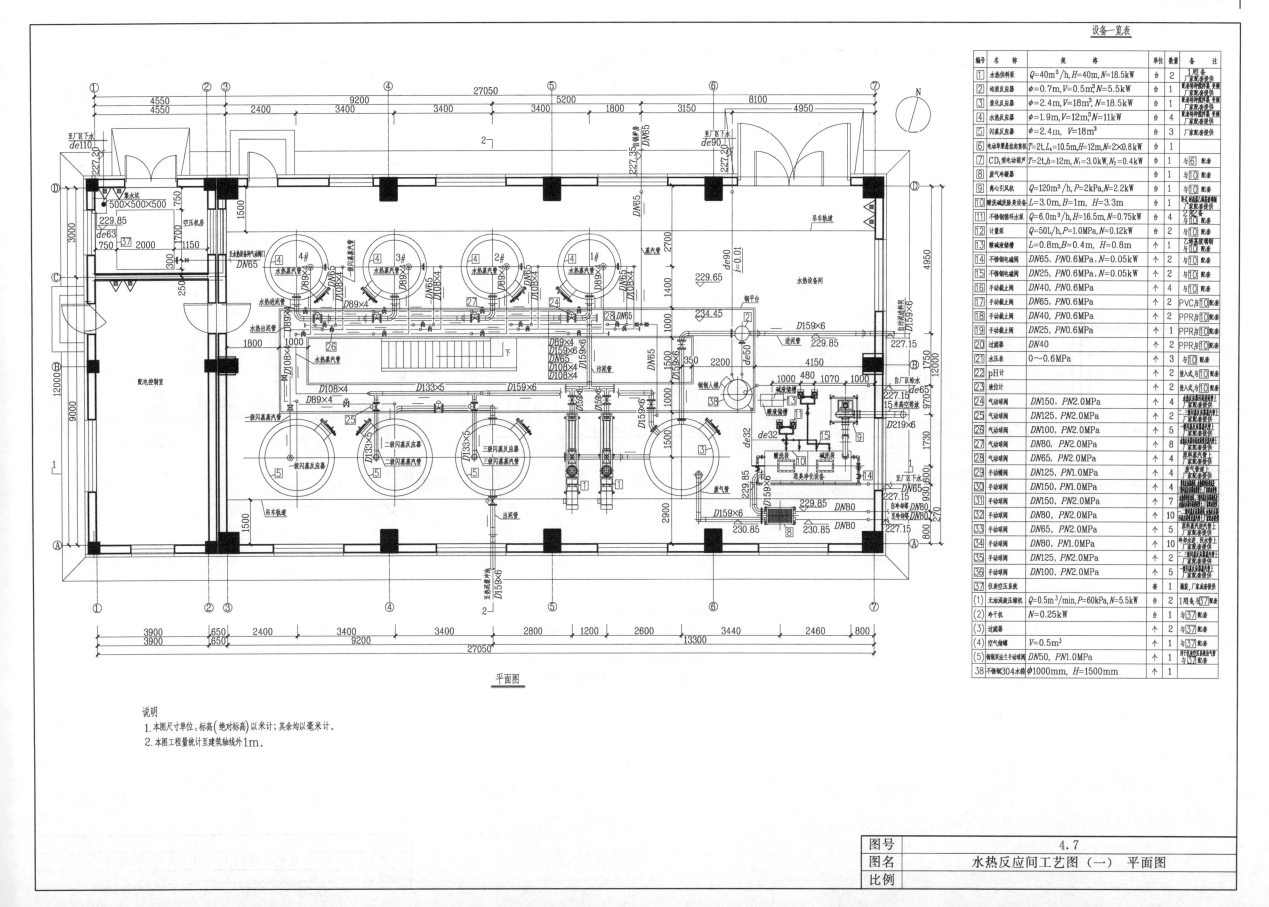

平面图

设备一览表

编号	名 称	规 格	单位	数量	备 注
1	水热供料泵	$Q=40m^3/h$, $H=40m$, $N=18.5kW$	台	2	一用一备
2	均质反应器	$\phi=0.7m$, $V=0.5m^3$, $N=5.5kW$	台	1	厂家配套提供
3	浆化反应器	$\phi=2.4m$, $V=18m^3$, $N=18.5kW$	台	1	厂家配套提供
4	水热反应器	$\phi=1.9m$, $V=12m^3$ $N=11kW$	台	4	厂家配套提供
5	闪蒸反应器	$\phi=2.4m$, $V=18m^3$	台	3	厂家配套提供
6	电动单梁悬挂起重机	$T=2t$, $L_k=10.5m$, $H=12m$, $N=2×0.8kW$	台	1	
7	CD₁型电动葫芦	$T=2t$, $H=12m$, $N_1=3.0kW$, $N_2=0.4kW$	台	1	与 6 配套
8	废气冷凝器		个	1	与 10 配套
9	离心引风机	$Q=120m^3/h$, $P=2kPa$, $N=2.2kW$	台	1	与 10 配套
10	喷淋减湿除臭设备	$L=3.0m$, $B=1m$, $H=3.3m$	台	1	
11	不锈钢循环水泵	$Q=6.0m^3/h$, $16.5m$, $N=0.75kW$	台	4	与 10 配套
12	计量泵	$Q=50L/h$, $P=1.0MPa$, $N=0.12kW$	台	2	与 10 配套
13	酸碱液药槽	$L=0.8m$, $B=0.4m$, $H=0.8m$	个	2	与 10 配套
14	不锈钢电磁阀	$DN65$, $PN0.6MPa$, $N=0.05kW$	个	2	与 10 配套
15	不锈钢电磁阀	$DN25$, $PN0.6MPa$, $N=0.05kW$	个	2	与 10 配套
16	手动截止阀	$DN40$, $PN0.6MPa$	个	4	与 10 配套
17	手动截止阀	$DN65$, $PN0.6MPa$	个	2	PVC与 10 配套
18	手动截止阀	$DN40$, $PN0.6MPa$	个	2	PPR与 10 配套
19	手动截止阀	$DN25$, $PN0.6MPa$	个	1	PPR与 10 配套
20	过滤器	$DN40$	个	1	PPR与 10 配套
21	水压表	$0～0.6MPa$	个	1	与 10 配套
22	pH计		个	2	插入式与 10 配套
23	液位计		个	2	插入式与 10 配套
24	气动球阀	$DN150$, $PN2.0MPa$	个	4	
25	气动球阀	$DN125$, $PN2.0MPa$	个	4	
26	气动球阀	$DN100$, $PN2.0MPa$	个	5	
27	气动球阀	$DN80$, $PN2.0MPa$	个	8	
28	气动球阀	$DN65$, $PN2.0MPa$	个	1	
29	手动蝶阀	$DN125$, $PN1.0MPa$	个	4	
30	手动蝶阀	$DN150$, $PN1.0MPa$	个	4	
31	手动蝶阀	$DN150$, $PN2.0MPa$	个	7	
32	手动球阀	$DN80$, $PN2.0MPa$	个	10	
33	手动球阀	$DN65$, $PN2.0MPa$	个	5	
34	手动球阀	$DN80$, $PN1.0MPa$	个	10	
35	手动球阀	$DN125$, $PN2.0MPa$	个	2	
36	手动球阀	$DN100$, $PN2.0MPa$	个	5	
37	仪表空压系统		套	1	成套,厂家提供
(1)	无油涡旋压缩机	$Q=0.5m^3/min$, $P=60kPa$, $N=5.5kW$	台	2	一用备,与 37 配套
(2)	冷干机	$N=0.25kW$	台	1	与 37 配套
(3)	过滤器		个	2	与 37 配套
(4)	空气储罐	$V=0.5m^3$	个	1	与 37 配套
(5)	钢制对焊法兰手动球阀	$DN50$, $PN1.0MPa$	个	1	与 37 配套
38	不锈钢304水箱	$\phi1000mm$, $H=1500mm$	个	1	

说明
1.本图尺寸单位:标高(绝对标高)以米计;其余均以毫米计。
2.本图工程量统计至建筑轴线外1m。

图号	4.7
图名	水热反应间工艺图(一) 平面图
比例	

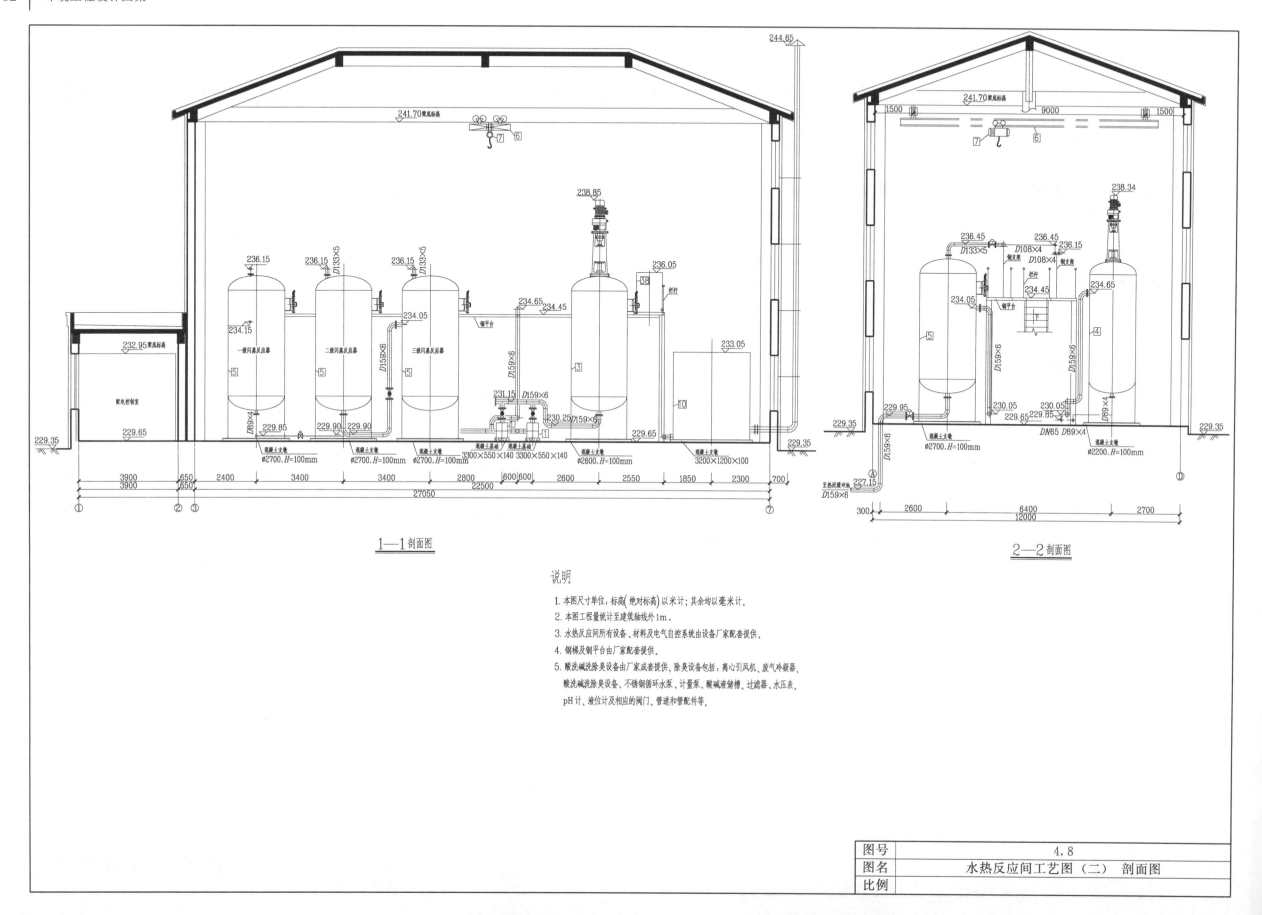

1—1剖面图

2—2剖面图

说明

1. 本图尺寸单位：标高（绝对标高）以米计；其余均以毫米计。

2. 本图工程量统计至建筑轴线外1m。

3. 水热反应间所有设备、材料及电气自控系统由设备厂家配套提供。

4. 钢梯及钢平台由厂家配套提供。

5. 酸洗碱洗除臭设备由厂家成套提供，除臭设备包括：离心引风机、废气冷凝器、酸洗碱洗除臭设备、不锈钢循环水泵、计量泵、酸碱液储槽、过滤器、水压表、pH计、液位计及相应的阀门、管道和管配件等。

图号	4.8
图名	水热反应间工艺图（二） 剖面图
比例	

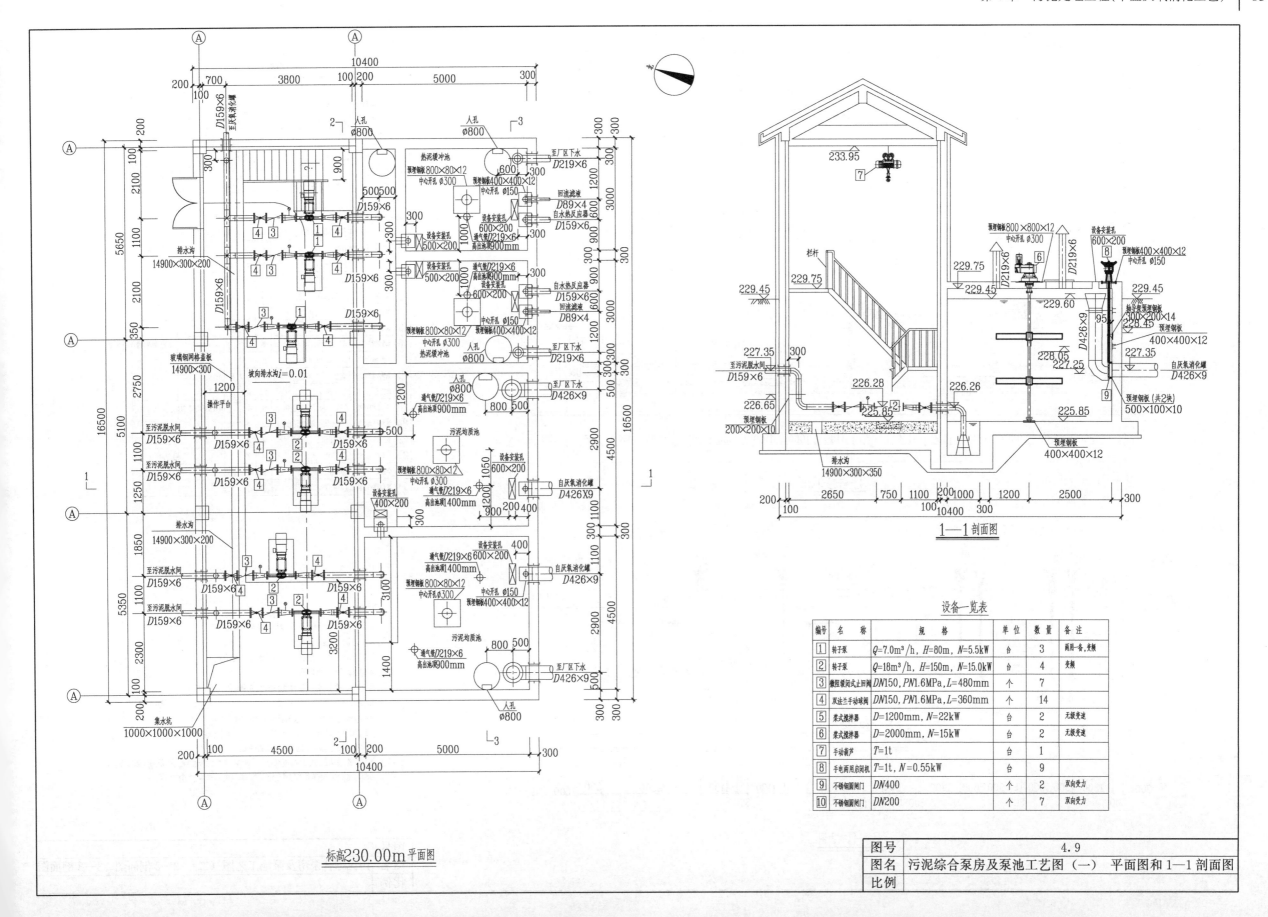

标高230.00m平面图

1—1 剖面图

设备一览表

编号	名称	规格	单位	数量	备注
1	转子泵	$Q=7.0m^3/h$, $H=80m$, $N=5.5kW$	台	3	两用一备,变频
2	转子泵	$Q=18m^3/h$, $H=150m$, $N=15.0kW$	台	4	变频
3	橡胶缓闭式止回阀	$DN150$, $PN1.6MPa$, $L=480mm$	个	7	
4	双法兰手动蝶阀	$DN150$, $PN1.6MPa$, $L=360mm$	个	14	
5	桨式搅拌器	$D=1200mm$, $N=22kW$	台	2	无级变速
6	桨式搅拌器	$D=2000mm$, $N=15kW$	台	2	无级变速
7	手动葫芦	$T=1t$	台	1	
8	手电两用启闭机	$T=1t$, $N=0.55kW$	台	9	
9	不锈钢圆闸门	$DN400$	个	2	双向受力
10	不锈钢圆闸门	$DN200$	个	7	双向受力

图号	4.9	
图名	污泥综合泵房及泵池工艺图(一)	平面图和1—1剖面图
比例		

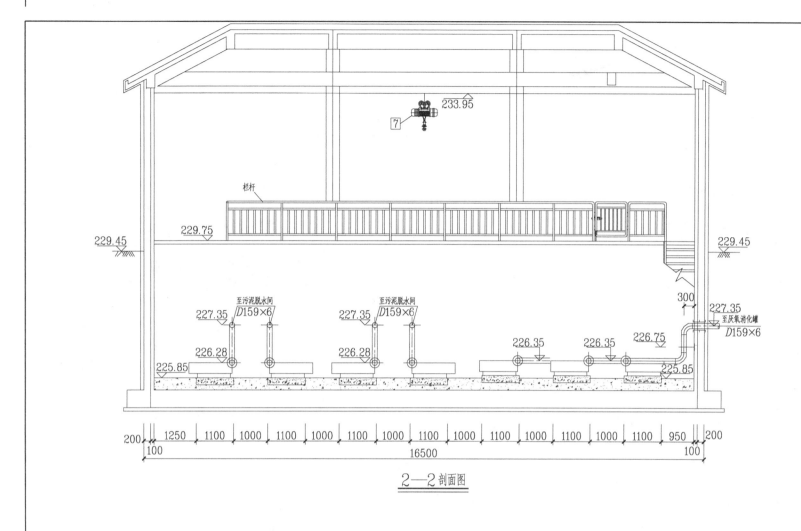

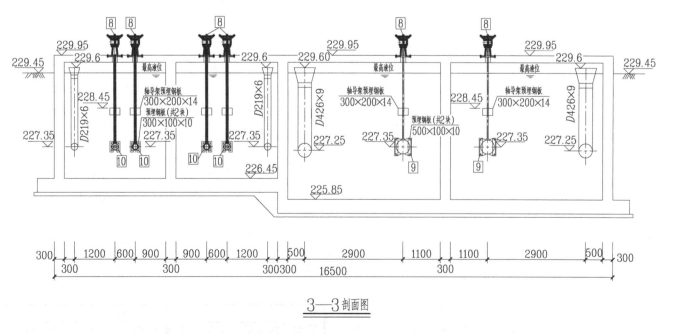

工程数量表

编号	名　称	规　格	材料	单位	数量	质量(kg) 单重	质量(kg) 总重	备　注
①	螺旋缝焊接钢管	D426×9	钢	m	8.80	82.46	725.65	
②	无缝钢管	D219×6	钢	m	6.40	31.52	201.73	
③	无缝钢管	D159×6	钢	m	27.27	22.64	617.39	
④	无缝钢管	D89×4	钢	m	2.60	8.36	21.74	
⑤	钢制法兰	DN150,PN1.6MPa	钢	个	28	7.92	221.76	02S403/78 全螺栓、螺母及垫片
⑥	钢制法兰	DN100,PN1.6MPa	钢	个	14	4.80	67.20	02S403/78 全螺栓、螺母及垫片
⑦	AⅡ型柔性防水套管	DN400,L=300mm	钢	个	4	114.80	459.20	02S404/7
⑧	AⅡ型柔性防水套管	DN200,L=300mm	钢	个	2	45.29	90.58	02S404/7
⑨	AⅡ型柔性防水套管	DN150,L=300mm	钢	个	14	36.17	506.38	02S404/7
⑩	AⅡ型柔性防水套管	DN80,L=300mm	钢	个	1	21.31	21.31	02S404/7
⑪	预埋钢板	800×800,δ=12	钢	个	4			中心开孔∅300
⑫	预埋钢板	400×400,δ=12	钢	个	8			中心开孔∅150
⑬	预埋钢板	300×100,δ=10	钢	个	12			
⑭	预埋钢板	500×100,δ=10	钢	个	4			
⑮	预埋钢板	400×400,δ=12	钢	个	6			
⑯	预埋钢板	300×200,δ=14	钢	个	10			轴导泵预埋钢板
⑰	预埋钢板	200×200,δ=10	钢	个	10			
⑱	钢制人孔盖板	∅800	钢	个	5			
⑲	爬梯		整钢	副	4			
⑳	通风管及通风帽	Z-200型,H=1100mm	钢	个	4	101.05	404.20	02S403/103
㉑	通风管及通风帽	Z-200型,H=1600mm	钢	个	2	116.81	233.62	02S403/103
㉒	管支架	DN400	钢	套	4			03S402/61
㉓	管支架	DN200	钢	套	4			03S402/61
㉔	管支架	DN150	钢	套	5			03S402/60
㉕	玻璃钢网格盖板	14900×300	钢	个	1			

说明

1. 本图尺寸单位：标高为绝对标高以米计，其余均以毫米计。
2. 本图工程量统计至池内壁外1.0m。
3. 所有钢管及钢管件均要进行防腐处理，具体详见工艺总说明。
4. 本图具体位置详见平面图。
5. 阀门及三通下需设支墩，阀门下支墩采用砖砌，采用1:2的水泥砂浆抹面。
6. 泵的基础和固定方式应待设备厂家确定后，将中标设备与施工图进行核实，核实无误后方可施工。
7. 泵房集水坑内污水按需要由厂区移动式潜污泵进行排水。
8. 桨式搅拌器桨叶的层数，安装高度应待确定设备厂家后，将中标设备与图纸核实，核实无误后方可安装。
9. 设备厂家供货时，与池内污泥接触的部分需要选择耐高温耐腐蚀的材质。
10. 热泥缓冲池接收来自水热反应器温度为100℃的污泥，并将污泥含水率调至90%，输送至厌氧消化罐；污泥均质池接收来自厌氧消化罐温度为38℃的污泥，最终将污泥输送至污泥脱水间。

图号	4.10
图名	污泥综合泵房及泵池工艺图（二） 2—2剖面图、3—3剖面图
比例	

换热器及中温厌氧消化罐初设设计说明

1. 工程概述

本工程为×××污水处理厂污泥处理工程，接收牡丹江污水厂一期、二期叠螺浓缩脱水机脱水后的污泥，设计进泥量 $Q=150t/d$，污泥含水率 80%。原料污泥通过热水解反应并经污泥脱水间脱水滤液回流稀释后进入螺旋板式换热器及中温厌氧消化罐。在厌氧罐内利用甲烷菌将污泥中有机物分解并产生沼气为热水解反应提供能量，厌氧消化后的污泥送入污泥脱水间脱水。

本单体为换热器及中温厌氧消化罐，主要功能为将热污泥（55～65℃）换热至适宜温度（38～40℃）并在厌氧罐内发生厌氧消化反应。

换热器及厌氧罐设计进泥量 $Q=330t/d$，污泥含水率 $P=90\%$。

2. 设计内容

（1）中温厌氧消化罐 2 座，罐体直径 $D=16.04m$，罐高 $H=18.05m$（包括顶部锥体部分），单罐容积 $V=3120m^3$。

（2）螺旋板式换热器 1 台，换热面积 $70m^2$。

（3）热水加热盘管 1 套，管长 $L=662m$。

（4）水封池 1 座，池体尺寸：直径 $D=2.0m$，$H=1.8m$。

（5）排泥池 1 座，池体尺寸：直径 $D=2.0m$，$H=4.85m$。

（6）阀门进 2 座，阀井尺寸：$L\times B=1.8m\times1.5m$，$H=2.3m$。

3. 工艺原理

本单体污泥来自污泥综合泵房，设计来泥量 $Q=330t/d$，$P=90\%$，$T=55～65℃$，$pH=6～6.5$，来泥首先进入螺旋板式换热器，将污泥降温至 40℃，随后均分进入 2 座中温厌氧消化罐内（底部进泥），在厌氧罐内主要发生产甲烷反应：在产甲烷菌的作用下将挥发性脂肪酸（主要为乙酸）吸入细胞内代谢，产生甲烷及二氧化碳（沼气）。沼气经管道输送至沼气净化系统，沼渣送至污泥脱水间。

4. 主要设计参数及运行工况

（1）中温厌氧消化罐

a. 设计参数：设计进泥量 $Q=330t/d$；污泥含水率 $P=90\%$；厌氧消化温度 38℃$\pm$1℃；厌氧消化 $pH=7.0～8.0$；固体停留时间 $t=18d$。

b. 运行工况：当厌氧罐进泥量为设计泥量（Q）时，1# 、2# 厌氧罐同时运行，固体停留时间 $t=18d$；当厌氧罐进泥量为 $0.5Q～0.75Q$ 时，1# 、2# 厌氧消化罐同时运行，固体停留时间为 24～36d；当厌氧消化罐进泥量小于 $0.5Q$ 时，1# 厌氧消化罐运行，固体停留时间 $t>18d$，2# 厌氧消化罐停止运行。

c. 厌氧罐排砂工况：采用手动控制排砂，厌氧罐每周排砂 1 次，每次排砂 15～20min，排砂量约为厌氧罐体容积为 10%。具体排砂次数及每次排砂时间应根据实际运行情况确定。

（2）双层立式搅拌器（带破浮渣装置）

a. 设计参数：搅拌量（上层）$Q=9220m^3/h$，搅拌量（下层）$Q=23046m^3/h$，搅拌速率 12～20r/min。

b. 运行工况：双层立式搅拌器 24h 连续运行，自带破浮渣装置随搅拌器同步转动，保证能够有效破除罐内的浮渣层。

（3）破浮渣搅拌器

a. 设计参数：搅拌桨直径 $D=0.7m$，搅拌功率 $N=2.2kW$。

b. 运行工况：安装于厌氧消化罐侧壁液面下 0.2m 处，24h 连续运行，将液面处浮渣壳破碎。

（4）正负压保护器及负压保护管

a. 厌氧罐正常运行时，若罐内压力大于 4kPa，正负压保护器将罐内沼气排放到大气中，直至罐内压力小于等于 3kPa 停止工作，当罐内压力小于 2kPa 时，正负压保护器向罐内补气直至罐内压力大于等于 3kPa。

b. 厌氧罐排砂或检修排泥时，罐内液面快速下降，负压保护管与正负压保护器一同向罐内补

气，保护罐体不受损害。

（5）热水加热盘管

a. 设计参数：水量 $Q=24m^3/h$，水压 0.6MPa，来水温度 75℃，出水温度 55℃，盘管总长度 $L=662m$，分为 3 组共 15 层。

b. 运行工况：厌氧消化罐初期启动时，热水加热盘管对罐内污泥持续加热，换热量为 2016MJ/d，持续换热天数应大于 28 天或沼气产量足够维持热水解反应的进行时热水加热盘管停止运行。

5. 控制与仪表检测

（1）中温厌氧消化罐实现全自动控制，通过中控室计算机及现场 PLC 操作子站实现自动控制和远程与现场控制。其控制系统就近设置在水热反应间内（包括一面控制柜、一面配电柜）。

（2）仪表检测包括以下方面：超声波液位计（检测罐内液位）、温度变送器［检测罐内温度（上、中、下三点）及螺旋式换热器出泥口温度］、甲烷检测仪（罐体顶盖）、H_2S 检测仪（罐体下部四周）。

6. 尺寸标注及工程量统计

（1）尺寸标注：本图尺寸单位——标高为绝对标高以米计，其余均以毫米计。

（2）本图工程量统计至池、罐、螺旋板式换热器内壁外 3m，厌氧消化罐体内部工程量由厂家提供（不包括土建工程量）并在罐体外侧预留法兰接头，与厌氧罐配套的爬梯、螺旋钢梯和工作桥及其支撑柱的规格和工程量由厂家提供并应满足其使用性和安全性的要求。

7. 管材选用与连接

（1）管材选用：管径$\leqslant DN150$ 的管道均采用无缝钢管及配套管件，管径$>DN150$ 的工艺管道采用螺旋缝焊接钢管及配套管件。

（2）连接方式：管道采用法兰连接或焊接、支架与罐壁采用焊接连接、支架与混凝土采用化学锚栓连接。

8. 管道及设备防腐

（1）本图中所有钢管及钢管件均要进行防腐处理，具体详见 15P-2897C-01-01S-001。

（2）螺旋板式换热器所有部件均采用 316L 不锈钢并应保证防腐寿命达到 5 年以上；厌氧消化罐体防腐蚀处理由厂家提供并保证防腐寿命达到 15 年以上；螺旋钢梯及工作桥防腐处理由厂家提供并保证防腐寿命达到 3 年以上。

9. 管道及设备保温

（1）本图中冰冻线以上工艺管线、冷却水管线、排水管线应做保温处理，具体做法详见初设计总说明 15P-2897C-01-01S-001。

（2）本图中裸露在室外的阀门（$DN80$ 蝶阀、$DN40$ 球阀）应采用保温盒保温，以保证阀门在极端环境条件下能够正常工作。

（3）本图中温厌氧消化罐保温做法由厂家提供并保证在冬季极端寒冷条件下的正常运行。

10. 其他

（1）螺旋板式换热器、中温厌氧消化罐及配套设备、自控系统、螺旋钢梯及工作桥等全部由中标厂家成套提供，并不限图纸中所列设备及材料，中标厂家在保证供货设备正常、稳定运行的前提下，可根据需要自行添加。中标厂家应负责厌氧消化罐及配套设施的安装、调试，在安装过程中如遇到与图纸不符或需要调整的情况，及时与设计院联系。

（2）本工程关键技术为"污泥热水解＋中温厌氧发酵"技术，由北京 SY 能源环保发展股份有限公司（以下简称"北京 SY"）提供，本工程的处理工艺流程是根据北京 SY 提供的"污泥热水解＋中温厌氧发酵"技术且由北京 SY 担保整体工艺流程的合理性及安全性而确定的。

图号	4.11
图名	换热器及中温厌氧消化罐初设设计说明
比例	

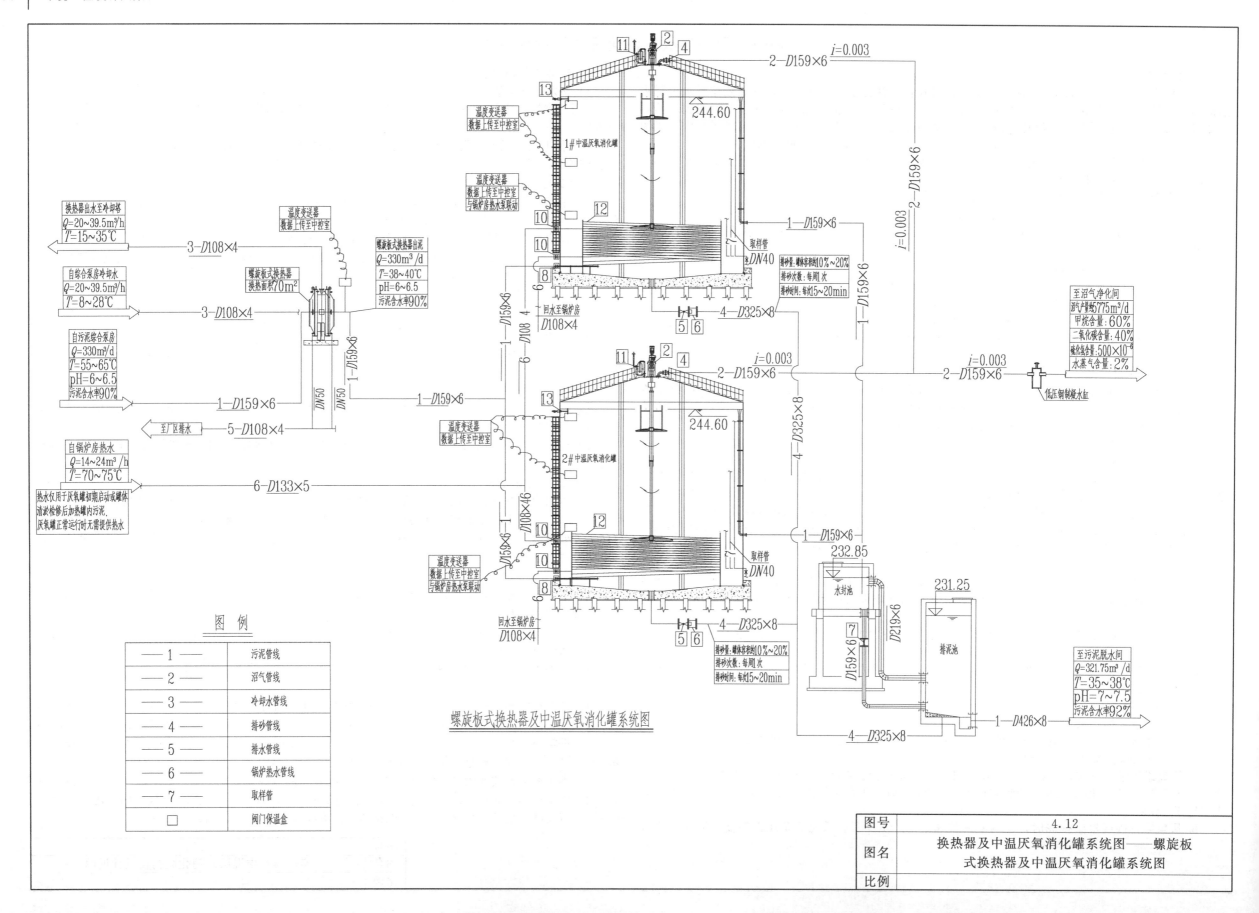

螺旋板式换热器及中温厌氧消化罐系统图

图例

—— 1 ——	污泥管线
—— 2 ——	沼气管线
—— 3 ——	冷却水管线
—— 4 ——	排砂管线
—— 5 ——	排水管线
—— 6 ——	锅炉热水管线
—— 7 ——	取样管
□	阀门保温盒

图号	4.12
图名	换热器及中温厌氧消化罐系统图——螺旋板式换热器及中温厌氧消化罐系统图
比例	

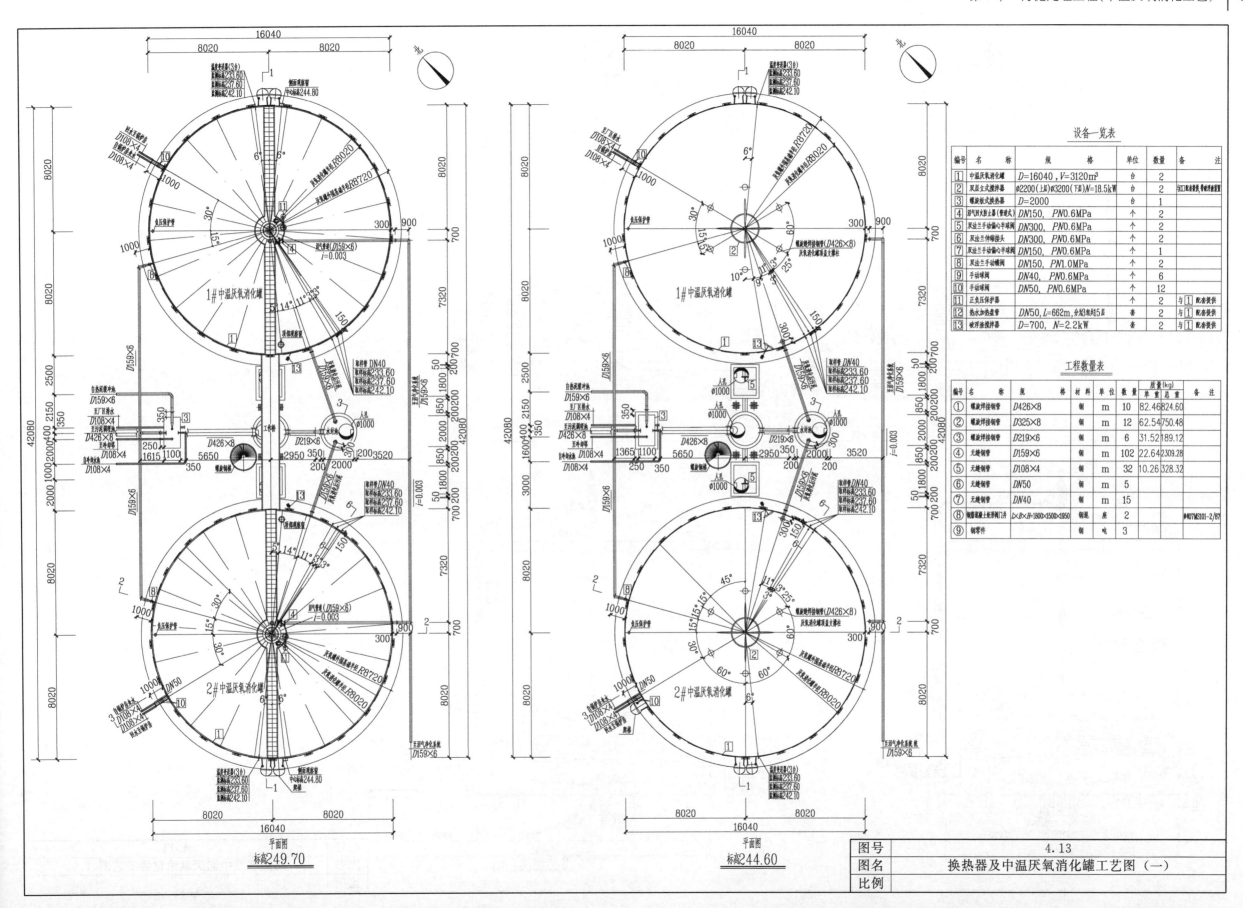

设备一览表

编号	名称	规格	单位	数量	备注
1	中温厌氧消化罐	D=16040, V=3120m³	台	2	
2	双层立式搅拌器	φ2200(上层)φ3200(下层)N=18.5kW	台	2	封口配合清罐,带中浮盖装置
3	螺旋板式换热器	D=2000	台	1	
4	沼气回火防止器(普通式)	DN150, PN0.6MPa	个	2	
5	双法兰手动偏心半球阀	DN300, PN0.6MPa	个	2	
6	双法兰伸缩接头	DN300, PN0.6MPa	个	2	
7	双法兰手动偏心半球阀	DN150, PN0.6MPa	个	1	
8	双法兰手动球阀	DN150, PN1.0MPa	个	2	
9	手动球阀	DN40, PN0.6MPa	个	6	
10	手动球阀	DN50, PN0.6MPa	个	12	
11	正负压保护器		个	2	与①配套提供
12	热水加热盘管	DN50, L=662m,分3组对5层	套	2	与①配套提供
13	破浮渣搅拌器	D=700, N=2.2kW	套	2	与①配套提供

工程数量表

编号	名称	规格	材料	单位	数量	质量(kg) 单重	质量(kg) 总重	备注
1	螺旋缝焊接钢管	D426×8	钢	m	10	82.46	824.60	
2	螺旋缝焊接钢管	D325×8	钢	m	12	62.54	750.48	
3	螺旋缝焊接钢管	D219×6	钢	m	6	31.52	189.12	
4	无缝钢管	D159×6	钢	m	102	22.64	2309.28	
5	无缝钢管	D108×4	钢	m	32	10.26	328.32	
6	无缝钢管	DN50	钢	m	5			
7	无缝钢管	DN40	钢	m	15			
8	钢筋混凝土阀门井井	L×B×H=1800×1500×1950	钢混	座	2			参407MS101-2/87
9	钢零件		钢	t	3			

平面图
标高249.70

平面图
标高244.60

图号	4.13
图名	换热器及中温厌氧消化罐工艺图(一)
比例	

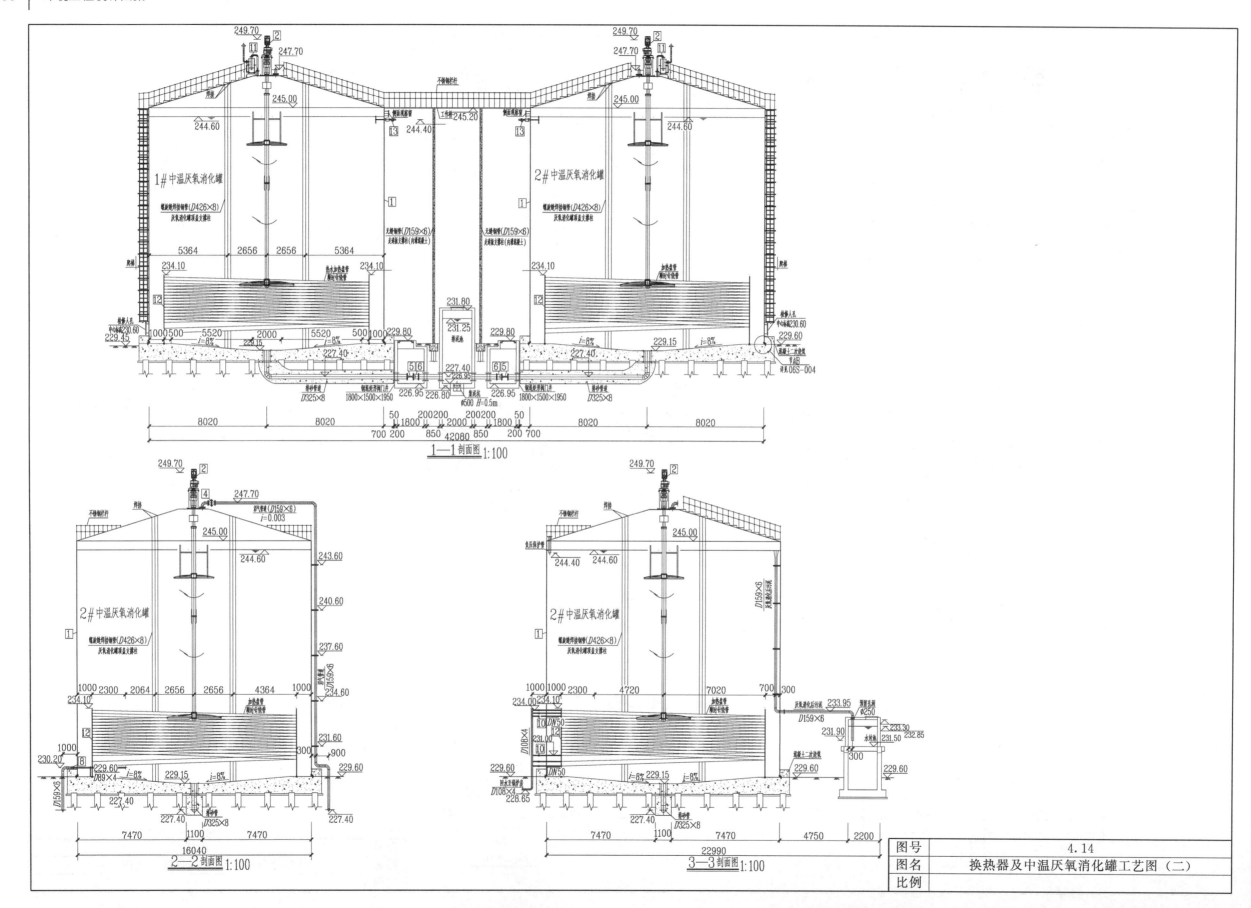

1—1剖面图 1:100

2—2剖面图 1:100

3—3剖面图 1:100

图号	4.14
图名	换热器及中温厌氧消化罐工艺图（二）
比例	

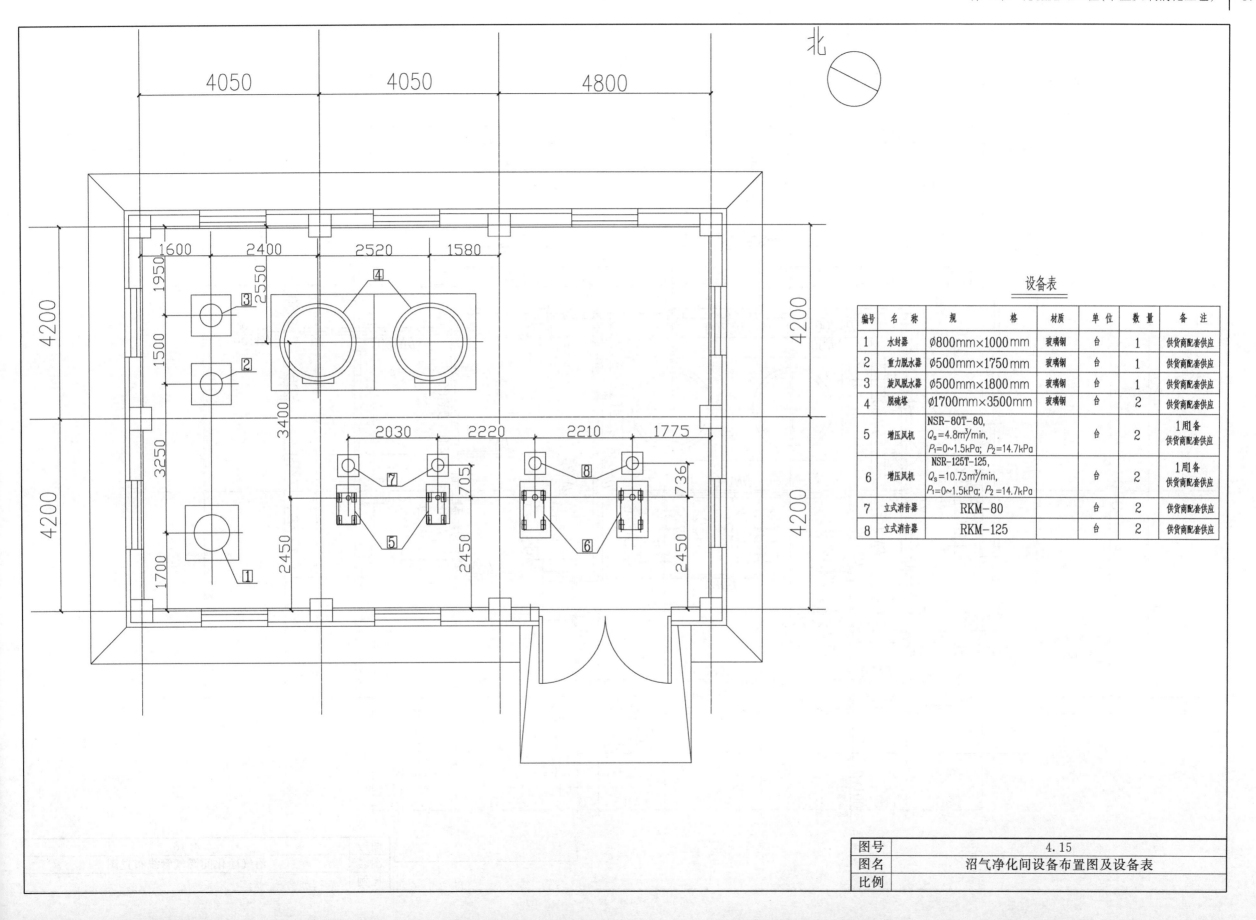

设备表

编号	名 称	规 格	材质	单位	数量	备 注
1	水封器	Ø800mm×1000mm	玻璃钢	台	1	供货商配套供应
2	重力脱水器	Ø500mm×1750mm	玻璃钢	台	1	供货商配套供应
3	旋风脱水器	Ø500mm×1800mm	玻璃钢	台	1	供货商配套供应
4	脱硫塔	Ø1700mm×3500mm	玻璃钢	台	2	供货商配套供应
5	增压风机	NSR-80T-80, Q_s=4.8m³/min, P_1=0~1.5kPa; P_2=14.7kPa		台	2	1用1备 供货商配套供应
6	增压风机	NSR-125T-125, Q_s=10.73m³/min, P_1=0~1.5kPa; P_2=14.7kPa		台	2	1用1备 供货商配套供应
7	立式消音器	RKM-80		台	2	供货商配套供应
8	立式消音器	RKM-125		台	2	供货商配套供应

图号	4.15
图名	沼气净化间设备布置图及设备表
比例	

第5章 人工湿地（生态处理工艺）

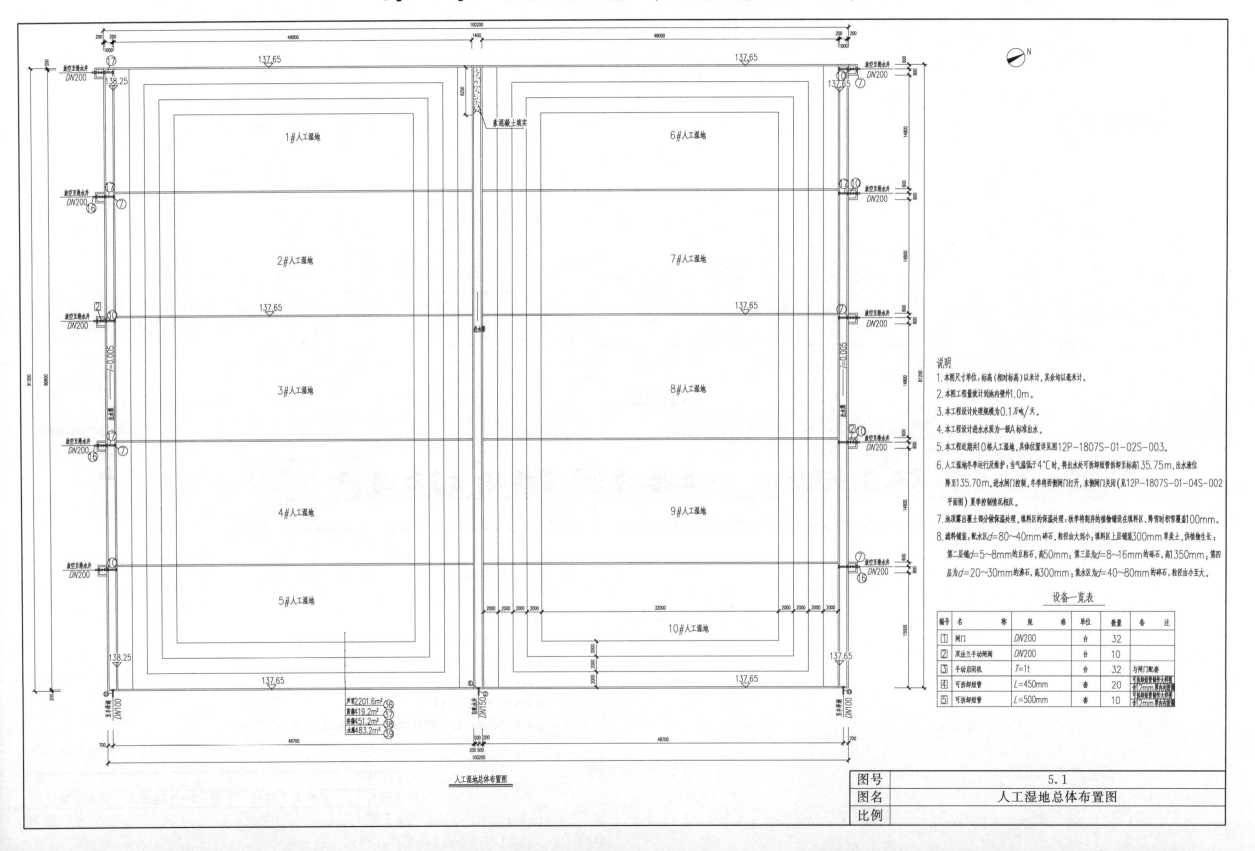

说明

1. 本图尺寸单位，标高（相对标高）以米计，其余均以毫米计。

2. 本图工程量统计到池内壁外1.0m。

3. 本工程设计处理规模为0.1万吨/天。

4. 本工程设计进水水质为一级A标准出水。

5. 本工程近期共10格人工湿地，具体位置详见图12P-1807S-01-02S-003。

6. 人工湿地冬季运行及维护：当气温低于4℃时，将出水处可拆卸短管拆卸至标高135.75m，出水液位降至135.70m。进水闸门控制，冬季将西侧闸门打开，东侧闸门关闭（见12P-1807S-01-04S-002平面图）夏季控制情况相反。

7. 池顶露出覆土部分做保温处理，填料区的保温处理：秋季将剪弃的植物储设在填料区、降雪时积雪覆盖上100mm。

8. 滤料铺装：配水区d=80～40mm碎石，粒径由大到小；填料区上层铺装300mm草炭土，供植物生长；第二层铺d=5～8mm的豆粒石，高50mm；第三层d=8～16mm的砾石，高1350mm；第四层为d=20～30mm的沸石，高300mm；集水区为d=40～80mm的碎石，粒径由小至大。

设备一览表

编号	名　　称	规　格	单位	数量	备　注
1	闸门	DN200	台	32	
2	双法兰手动闸阀	DN200	台	10	
3	手动启闭机	T=1t	台	32	与闸门配套
4	可拆卸短管	L=450mm	套	20	可拆卸短管制作大样图12mm厚钢板制做
5	可拆卸短管	L=500mm	套	10	可拆卸短管制作大样图12mm厚钢板制做

人工湿地总体布置图

图号	5.1
图名	人工湿地总体布置图
比例	

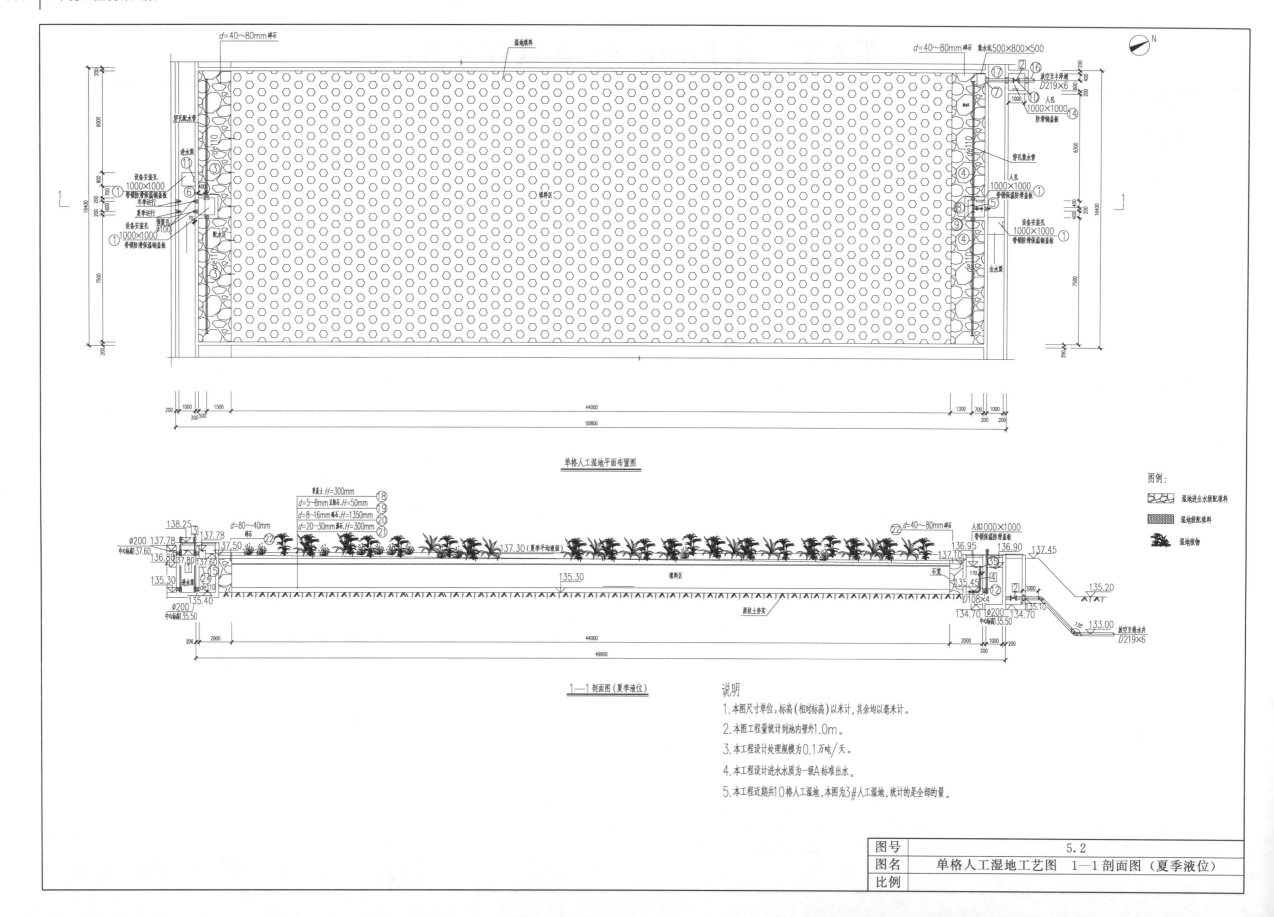

单格人工湿地平面布置图

1—1 剖面图（夏季液位）

说明

1. 本图尺寸单位：标高（相对标高）以米计，其余均以毫米计。

2. 本图工程量统计到池内壁外1.0m。

3. 本工程设计处理规模为0.1万吨/天。

4. 本工程设计进水水质为一级A标准出水。

5. 本工程近期共10格人工湿地，本图为3#人工湿地，统计的是全部的量。

图号	5.2
图名	单格人工湿地工艺图 1—1剖面图（夏季液位）
比例	

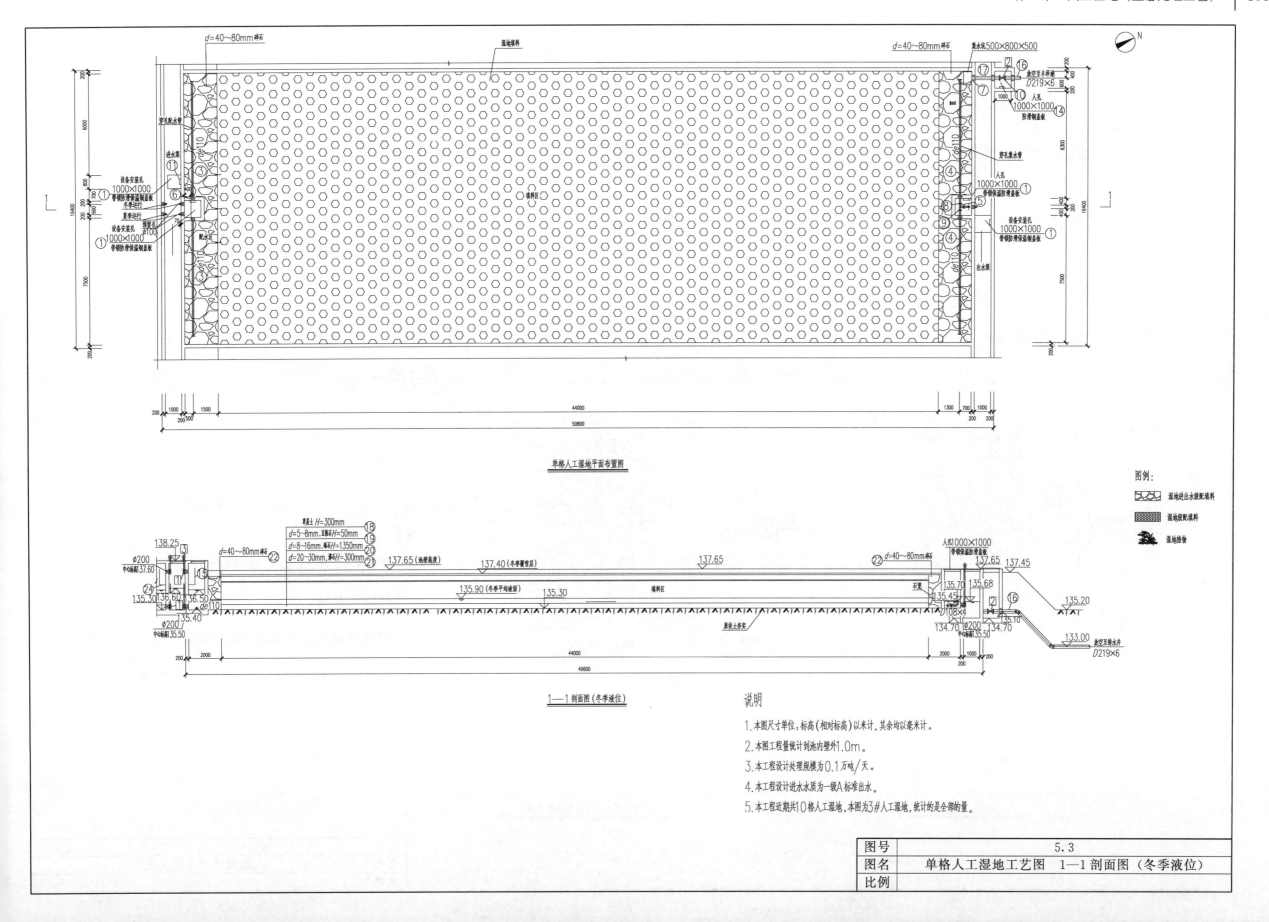

单格人工湿地平面布置图

1—1 剖面图（冬季液位）

说明

1. 本图尺寸单位：标高（相对标高）以米计，其余均以毫米计。

2. 本图工程量统计到池内壁外1.0m。

3. 本工程设计处理规模为0.1万吨/天。

4. 本工程设计进水水质为一级A标准出水。

5. 本工程近期共10格人工湿地，本图为3#人工湿地，统计的是全部的量。

图号	5.3
图名	单格人工湿地工艺图 1—1剖面图（冬季液位）
比例	

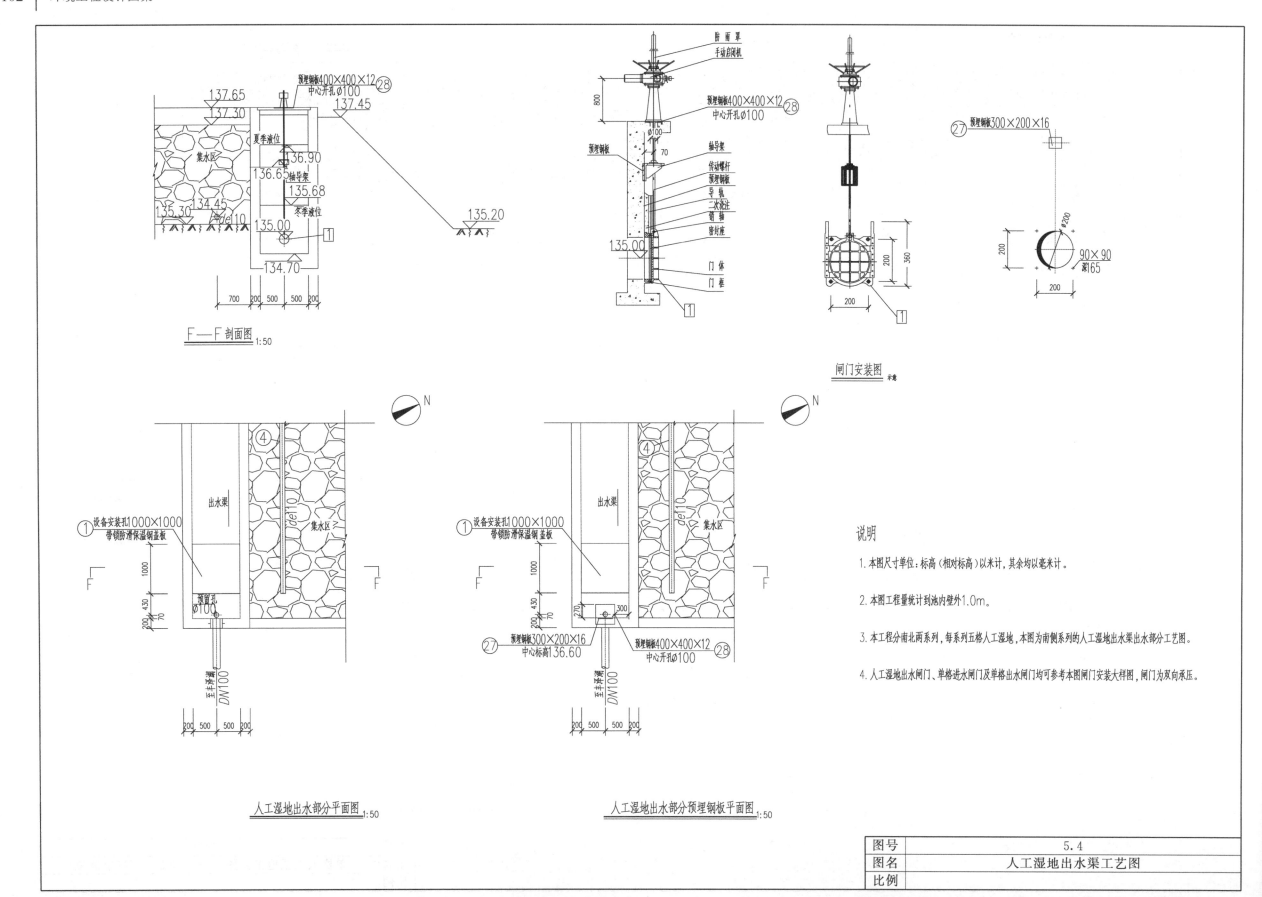

人工湿地出水渠工艺图

说明

1. 本图尺寸单位：标高（相对标高）以米计，其余均以毫米计。

2. 本图工程量统计到池内壁外1.0m。

3. 本工程分南北两系列，每系列五格人工湿地，本图为南侧系列的人工湿地出水渠出水部分工艺图。

4. 人工湿地出水闸门、单格进水闸门及单格出水闸门均可参考本图闸门安装大样图，闸门为双向承压。

F—F剖面图 1:50

闸门安装图

人工湿地出水部分平面图 1:50

人工湿地出水部分预埋钢板平面图 1:50

图号	5.4
图名	人工湿地出水渠工艺图
比例	

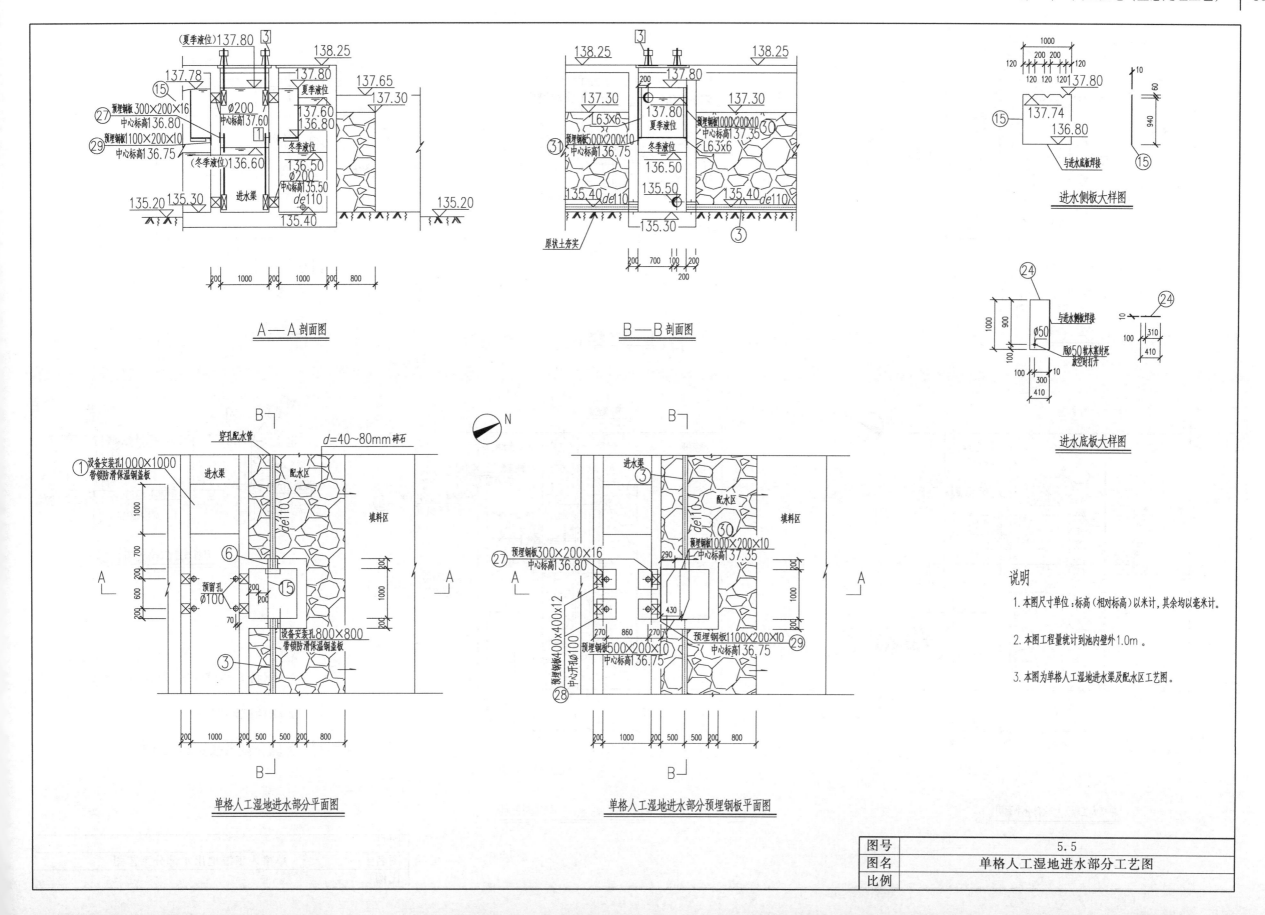

A—A 剖面图

B—B 剖面图

进水侧板大样图

进水底板大样图

单格人工湿地进水部分平面图

单格人工湿地进水部分预埋钢板平面图

说明

1. 本图尺寸单位：标高（相对标高）以米计，其余均以毫米计。

2. 本图工程量统计到池内壁外1.0m。

3. 本图为单格人工湿地进水渠及配水区工艺图。

图号	5.5
图名	单格人工湿地进水部分工艺图
比例	

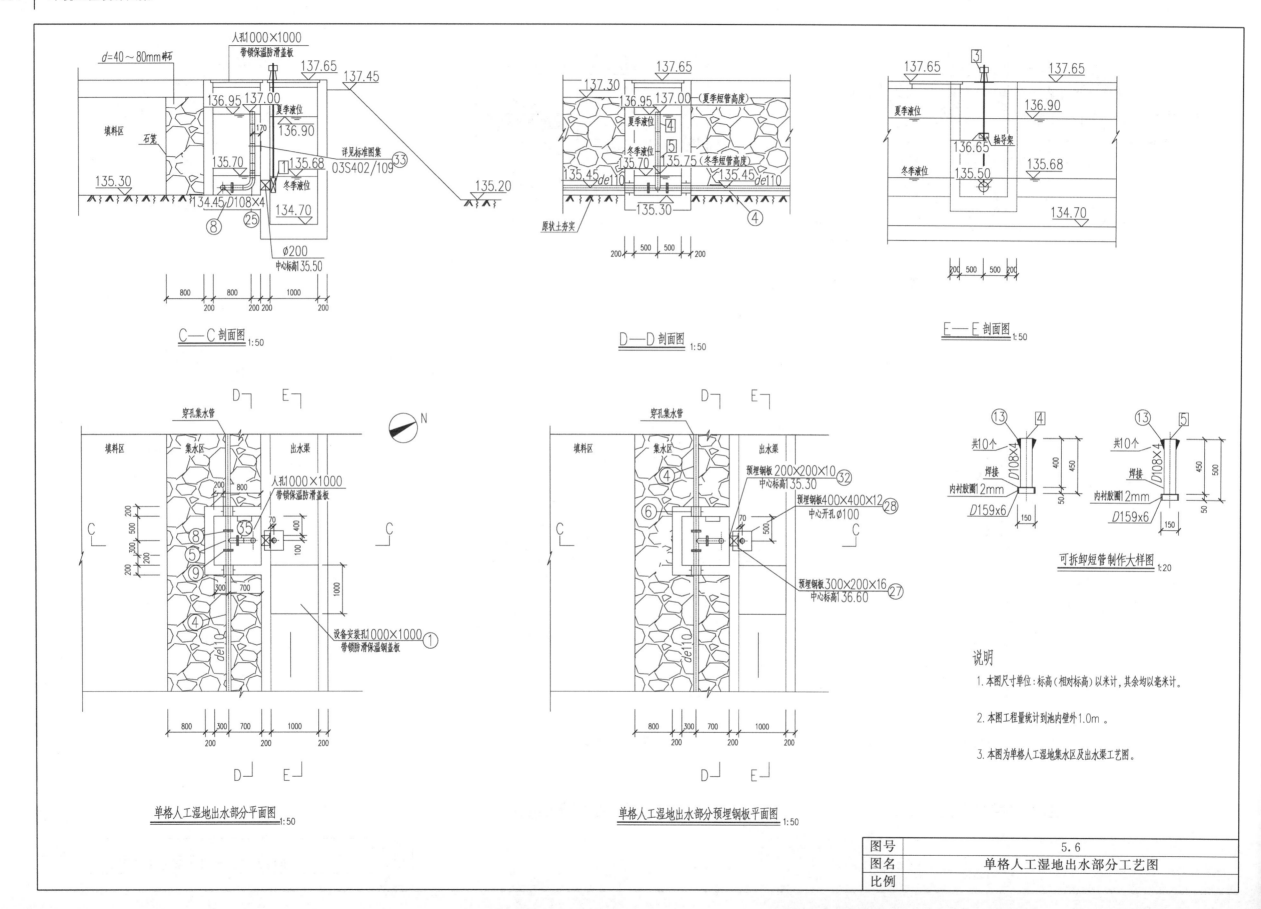

C—C 剖面图 1:50

D—D 剖面图 1:50

E—E 剖面图 1:50

单格人工湿地出水部分平面图 1:50

单格人工湿地出水部分预埋钢板平面图 1:50

可拆卸短管制作大样图 1:20

说明

1. 本图尺寸单位:标高(相对标高)以米计,其余均以毫米计。

2. 本图工程量统计到池内壁外1.0m。

3. 本图为单格人工湿地集水区及出水渠工艺图。

图号	5.6
图名	单格人工湿地出水部分工艺图
比例	

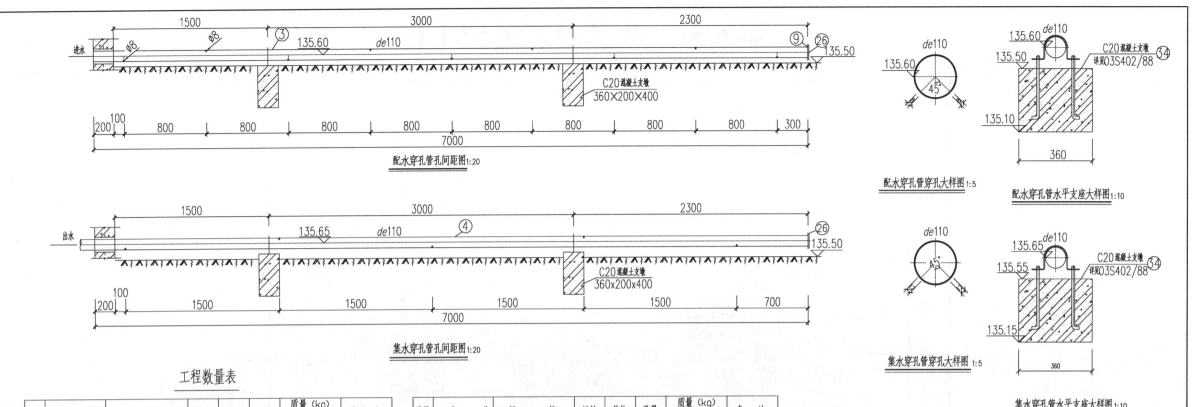

配水穿孔管孔间距图 1:20

配水穿孔管穿孔大样图 1:5

配水穿孔管水平支座大样图 1:10

集水穿孔管孔间距图 1:20

集水穿孔管穿孔大样图 1:5

集水穿孔管水平支座大样图 1:10

工程数量表

编号	名　称	规　格	材料	单位	数量	单重	总重	备注
①	零钢防滑保温钢盖板	1000×1000×40	钢	块	42			
②	直管	DN150,L=1000mm	玻璃钢夹砂管	根	1			
③	穿孔配水管	de110,L=7000mm	PE	根	20			d=8mm,9孔
④	穿孔集水管	de110,L=7300mm	PE	根	20			d=12mm,5孔
⑤	等径三通	DN100	钢	个	10	5.5	55	02S403/48
⑥	A型刚性防水套管	DN150,L=200mm	钢	个	41	10.06	412.46	02S404/15
⑦	A型刚性防水套管	DN200,L=200mm	钢	个	30	15.9	477	02S404/15
⑧	法兰	DN100,PN=1.0MPa	钢	片	40	6.12	244.8	02S403/78 含螺栓、螺母、垫片等
⑨	法兰	DN100,PN=1.0MPa	PE	片	60			
⑩	法兰	DN200,PN=1.0MPa	钢	片	20	8.24	164.8	02S403/78
⑪	爬梯		铸铁	副	50			
⑫	直管	D108×4,L=100mm	钢	根	10	1.07	10.7	
⑬	Ⅱ型密封胶圈	DN100	钢	片	20			02S404/11
⑭	防滑钢盖板	1000×1000×40	钢	块	10			
⑮	进水侧板	1000×1000×10	钢	块	10	78.5	785	带三角堰板
⑯	直管	D219×6,L=1370mm	钢	根	10	31.52	43.18	
⑰	直管	D219×6,L=1700mm	钢	根	10	31.52	53.58	
⑱	草炭土			m³	2112			植物种植土壤

编号	名　称	规　格	材料	单位	数量	单重	总重	备注
⑲	豆粒石	d=5～8mm		m³	352			
⑳	砾石	d=8～16mm		m³	9504			
㉑	沸石	d=20～30mm		m³	2112			
㉒	碎石	d=80～40mm		m³	1336			
㉓	直管	DN100,L=1000mm	玻璃钢夹砂管	根	2			
㉔	进水底板	1000×410×10	钢	块	10	32.19	321.9	
㉕	90°弯头	DN100	钢	个	20	3.34	66.8	02S403/7
㉖	法兰管堵	DN100,PN=1.0MPa	钢	片	40			含螺栓、螺母、垫片等
㉗	预理钢板	300×200×16	钢	块	32	7.54	241.28	
㉘	预理钢板	400×400×12	钢	块	32	15.07	482.24	中心开孔ø100
㉙	预理钢板	1100×200×10	钢	块	10	17.27	172.7	
㉚	预理钢板	1000×200×10	钢	块	20	15.7	314	
㉛	预理钢板	500×200×10	钢	块	20	7.85	157	
㉜	预理钢板	200×200×10	钢	块	10	3.14	31.4	
㉝	立管支架	DN100		套	10			03S402/109
㉞	水平管支座	DN100		套	80			03S402/88
㉟	直管	D108×4,L=230mm	钢	根	10	2.36	23.6	
㊱	芦苇			株	26420			

编号	名　称	规　格	材料	单位	数量	单重	总重	备注
㊲	菖蒲			株	5030			
㊳	香蒲			株	5414			
㊴	水葱			株	5798			

说明

1. 本图尺寸单位：标高（相对标高）以米计，其余均以毫米计。

2. 本图工程量统计至池内壁外1m处，统计的是10格人工湿地的量。

3. 植物种植密度为6株/m²。

图号	5.7
图名	穿孔管大样图
比例	

第6章 生活垃圾处理工程

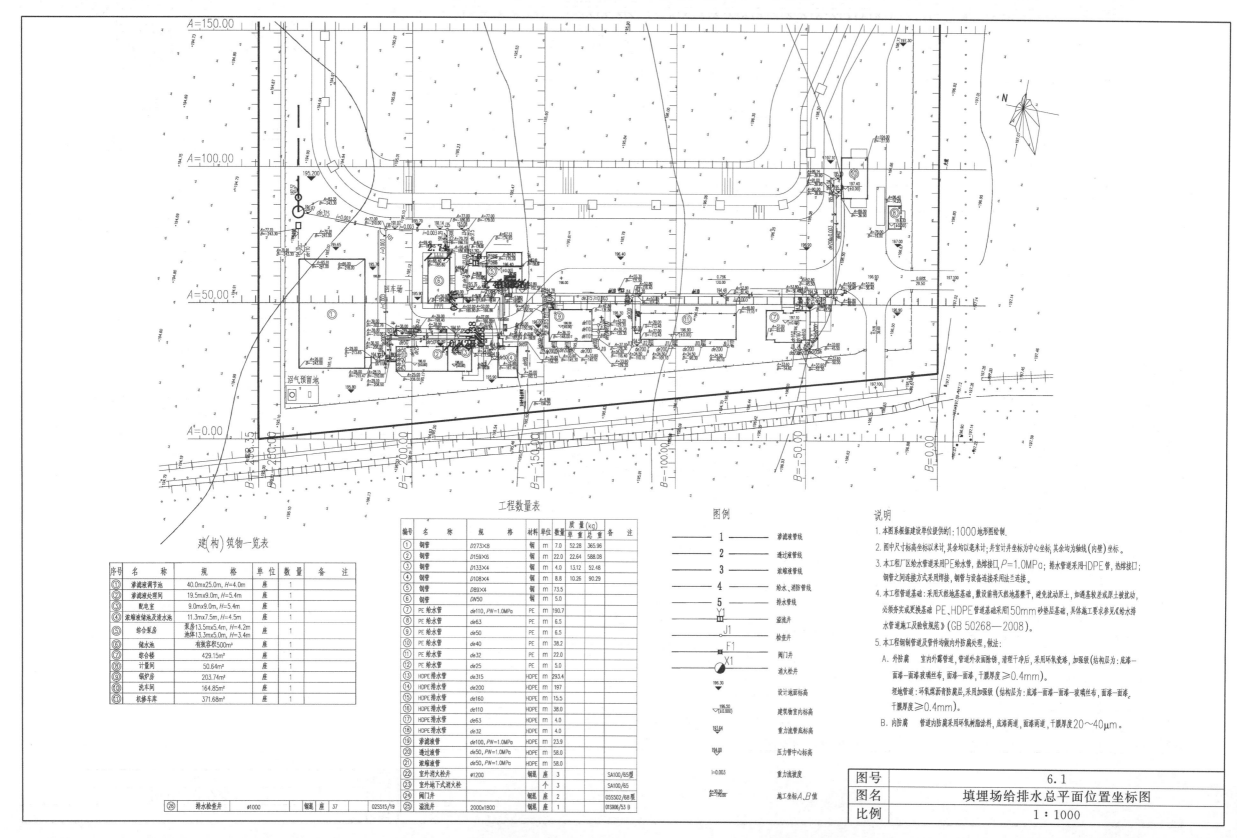

建(构)筑物一览表

序号	名 称	规 格	单位	数量	备 注
①	渗滤液调节池	40.0m×25.0m，H=4.0m	座	1	
②	渗滤液处理间	19.5m×9.0m，H=5.4m	座	1	
③	配电室	9.0m×9.0m，H=5.4m	座	1	
④	浓缩液储池及清水池	11.3m×7.5m，H=4.5m	座	1	
⑤	综合泵房	泵房13.5m×5.4m，H=4.2m 池体13.3m×5.0m，H=3.4m	座	1	
⑥	储水池	有效容积500m³	座	1	
⑦	综合楼	429.15m²	座	1	
⑧	计量间	50.64m²	座	1	
⑨	锅炉房	203.74m²	座	1	
⑩	洗车间	164.85m²	座	1	
⑪	机修车库	371.68m³	座	1	

工程数量表

编号	名 称	规 格	材料	单位	数量	质量(kg) 单重	质量(kg) 总重	备注
①	钢管	D273×8	钢	m	7.0	52.28	365.96	
②	钢管	D159×6	钢	m	22.0	22.64	588.08	
③	钢管	D133×4	钢	m	4.0	13.12	52.48	
④	钢管	D108×4	钢	m	8.8	10.26	90.29	
⑤	钢管	D89×4	钢	m	73.5			
⑥	钢管	DW50	钢	m	5.0			
⑦	PE给水管	de110，PN=1.0MPa	PE	m	190.7			
⑧	PE给水管	de63	PE	m	6.5			
⑨	PE给水管	de50	PE	m	6.5			
⑩	PE给水管	de40	PE	m	38.2			
⑪	PE给水管	de32	PE	m	22.0			
⑫	PE给水管	de25	PE	m	5.0			
⑬	HDPE排水管	de315	HDPE	m	293.4			
⑭	HDPE排水管	de200	HDPE	m	197			
⑮	HDPE排水管	de160	HDPE	m	15.5			
⑯	HDPE排水管	de110	HDPE	m	38.0			
⑰	HDPE排水管	de63	HDPE	m	4.0			
⑱	HDPE排水管	de32	HDPE	m	4.0			
⑲	渗滤液管	de100，PN=1.0MPa	HDPE	m	23.9			
⑳	透过液管	de50，PN=1.0MPa	HDPE	m	58.0			
㉑	浓缩液管	de50，PN=1.0MPa	HDPE	m	58.0			
㉒	室外消火栓井	#1200	钢混	座	3			SA100/65型
㉓	室外地下式消火栓			个	3			SA100/65
㉔	阀门井		钢混	座	2			05S502/68型
	溢流井	2000×1800		座	1			01S906/53 9
㉖	排水检查井	#1000	钢混	座	37			02S515/19

图例

—— 1 ——		渗滤液管线
—— 2 ——		透过液管线
—— 3 ——		浓缩液管线
—— 4 ——		给水、消防管线
—— 5 ——		排水管线
Y1		溢流井
J1		检查井
F1		阀门井
X1		消火栓井
196.30		设计地面标高
196.50 (±0.000)		建筑物室内标高
193.64		重力流管底标高
196.00		压力管中心标高
i=0.003		重力流坡度
A=50.00 B=60.00		施工坐标A、B值

说明

1. 本图系根据建设单位提供的1：1000地形图绘制。

2. 图中尺寸标高坐标以米计，其余均以毫米计；井室计井坐标为中心坐标，其余均为轴线(内壁)坐标。

3. 本工程厂区给水管道采用PE给水管，热熔接口，P=1.0MPa；排水管道采用HDPE管，热熔接口；钢管之间连接方式采用焊接，钢管与设备连接采用法兰连接。

4. 本工程管道基础：采用天然地基基础，敷设前将天然地基整平，避免扰动原土，加遇基较差或原土被扰动，必须夯实或更换基础 PE、HDPE管道基础采用150mm砂垫层基础，具体施工要求参见《给水排水管道施工及验收规范》(GB 50268—2008)。

5. 本工程钢制管道及管件均做内外防腐处理，做法：

A. 外防腐 室内外露管道，管道外表面除锈，清理干净后，采用环氧瓷漆，加强级(结构层为：底漆—面漆—面漆—玻璃丝布，面漆—面漆，干膜厚度≥0.4mm)。

埋地管道：环氧煤沥青防腐层，采用加强级(结构层为：底漆—面漆—面漆—玻璃丝布，面漆—面漆，干膜厚度≥0.4mm)。

B. 内防腐 管道内防腐采用环氧树脂涂料，底漆两道，面漆两道，干膜厚度20~40μm。

图号	6.1
图名	填埋场给排水总平面位置坐标图
比例	1：1000

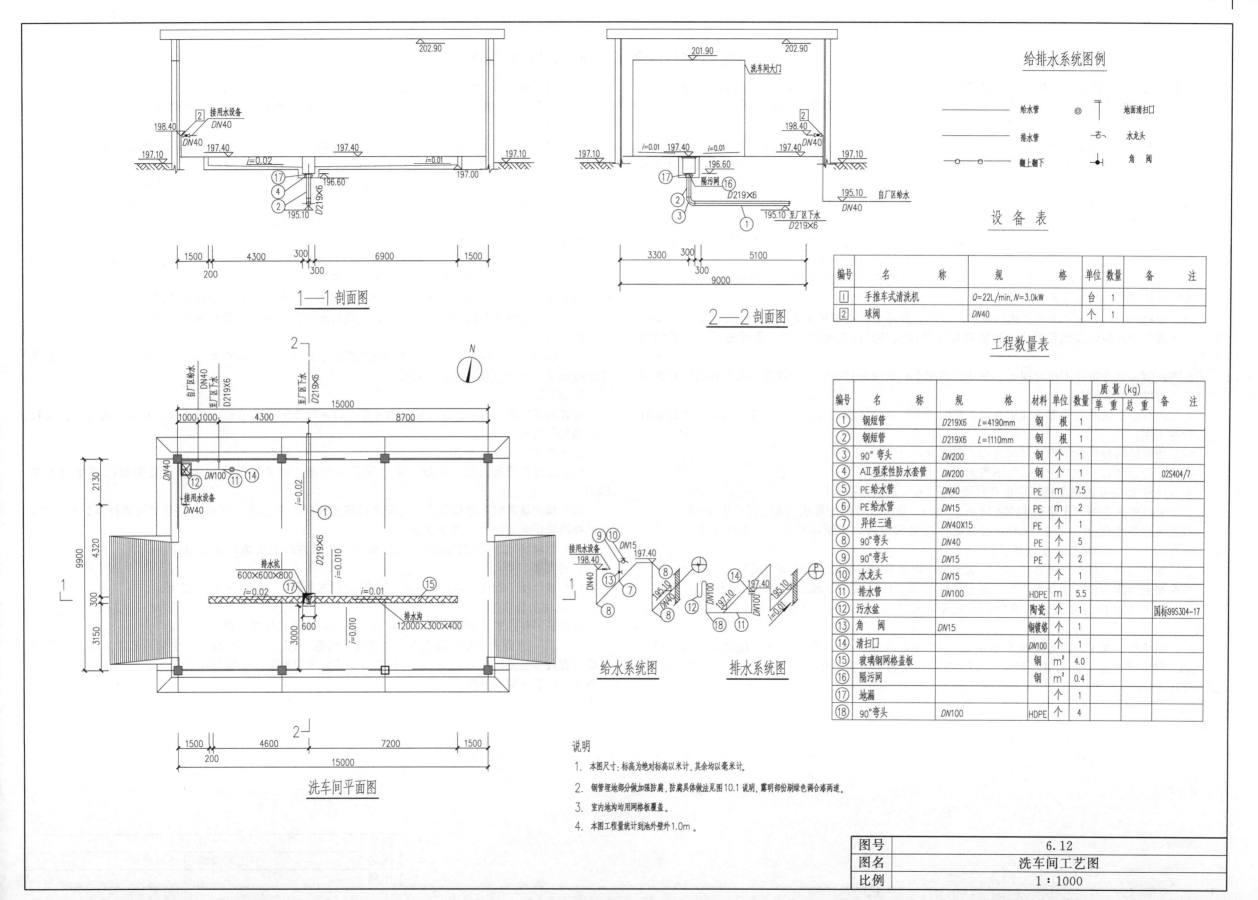

给排水系统图例

——————— 给水管		◎ ⊺ 地面清扫口	
——————— 排水管		五 水龙头	
○—○ 细上细下		⟊ 角阀	

设 备 表

编号	名　　称	规　　格	单位	数量	备　注
1	手推车式清洗机	Q=22L/min, N=3.0kW	台	1	
2	球阀	DN40	个	1	

工程数量表

编号	名　称	规　格	材料	单位	数量	质量(kg) 单重	质量(kg) 总重	备注
1	钢短管	D219X6　L=4190mm	钢	根	1			
2	钢短管	D219X6　L=1110mm	钢	根	1			
3	90°弯头	DN200	钢	个	1			
4	AⅡ型柔性防水套管	DN200	钢	个	1			02S404/7
5	PE给水管	DN40	PE	m	7.5			
6	PE给水管	DN15	PE	m	2			
7	异径三通	DN40X15	PE	个	1			
8	90°弯头	DN40	PE	个	5			
9	90°弯头	DN15	PE	个	2			
10	水龙头	DN15		个	1			
11	排水管	DN100	HDPE	m	5.5			
12	污水盆		陶瓷	个	1			国标99S304-17
13	角阀	DN15	钢镀铬	个	1			
14	清扫口	DN100		个	1			
15	玻璃钢网格盖板		钢	m²	4.0			
16	隔污网		钢	m²	0.4			
17	地漏			个	1			
18	90°弯头	DN100	HDPE	个	4			

1—1 剖面图

2—2 剖面图

洗车间平面图

给水系统图　　排水系统图

说明

1. 本图尺寸：标高为绝对标高以米计，其余均以毫米计。

2. 钢管埋地部分做加强防腐，防腐具体做法见图10.1说明，露明部份刷绿色调合漆两道。

3. 室内地沟均用网格板覆盖。

4. 本图工程量统计到池外壁外1.0m。

图号	6.12
图名	洗车间工艺图
比例	1：1000

×××生活垃圾处理工程施工设计总说明

本工程施工图设计依据《生活垃圾卫生填埋技术规范》（CJJ 17—2004）。《生活垃圾卫生填埋场防渗系统工程技术规范》（CJJ 113—2007）及《生活垃圾填埋场污染控制标准》（GB 16889—2008）等相关的技术规范、标准进行设计。

生活垃圾填埋场区采用分期建设以减少工程投资额及防渗系统的闲置浪费，填埋场分一期工程和二期工程，本工程设计为填埋场一期工程的工程量，填埋场二期工程待一期填埋区即将达到封场标高时进行施工设计。

本工程的生活垃圾平均处理规模 135t/日，渗滤液处理规模 70t/日。

1. 填埋场主体

（1）先施工填埋一区，然后施工填埋二区；防渗导流系统先从填埋一区开始铺设、待填埋一区即将填满时，铺设填埋二区；待填埋二区即将填满时，铺设填埋三区。

（2）填埋场场底基础处理应是具有承载填埋体负荷的自然土层或是经过处理的平稳层上，不应因填埋垃圾的沉降而使基层失稳。

（3）场地开挖：要求挖方范围内的树木、杂草、腐殖土、石块等全部清除；挖方坡度满足设计要求，不得超挖，并认真做好洞穴、地质勘探孔及探坑等的回填处理工作，方可进行防渗系统的施工。

土方回填：填方基底不得有树木、杂草、腐殖土、淤泥等有害杂质；填方基底无积水，有地下水的地方应得到有效控制。

开挖的耕植土或腐殖土等不能用来回填库区或者修筑垃圾坝，可以用来做日常覆土或者封场时作为营养土用。

（4）防渗结构材料的基础处理应符合下列规定：

平整度达到每平方米土层误差不得大于 2cm；

垂直深度 2.5cm 内黏土层不应含有粒径大于 5mm 的尖锐物料；

位于填埋库区底部的土层压实度不得小于 93%，库区边坡的土层压实度不得小于 90%。

每层压实厚度宜为 150～250mm，各层之间应紧密结合。土壤层施工时，各层压实土壤应每 500m² 取 3～5 个样品进行压实度测试。

（5）库区回填土层必须进行压实，压实土壤的渗透系数不得大于 $1×10^{-9}$m/s。

库区场底的防渗膜下铺设黏土层，黏土层厚度不小于 500mm，黏土渗透系数不大于 10^{-9}m/s。

（6）填埋库区内的渗滤液收集管的穿孔率应小于 0.01m²/m，以保证强度要求；穿坝管不穿孔。

（7）填埋场一期工程占地面积为 9.0ha，一期填埋场库容为 54 万立方米，使用年限为 10 年，填埋场二期工程占地 5.9ha，库容 53.85 万立方米，使用年限为 7 年。总库容为 107.85 万立方米，使用年限为 17 年。

（8）封场后，当产生的甲烷产量较稳定并具有一定规模时，再考虑回收利用。

（9）填埋场终场后应进行土地再利用和生态恢复，填埋场稳定前，不准建设永久性建筑物。

2. 卫生填埋作业

（1）卫生填埋应采用单元作业法，作业工作程序为：卸车、推铺、压实、覆盖、洒水，并应编制科学合理的填埋作业计划。

（2）第一层填埋的 2.5m 厚生活垃圾中不得含有建筑垃圾、锋利或较大颗粒物体，以防破坏底部导渗层、防渗层。填埋及运行车辆不得直接在库底及边坡导渗层、防渗层上行驶。

（3）填埋作业过程中，随着垃圾堆体高程的变化，根据需要在相应的高程上设置阶段性的填埋气体导排设施。本工程气体导排设施采用垂直导气系统。

（4）垃圾渗沥液由泵提升至调节水池，然后进入污水处理站处理。经两级 DTRO 膜工艺处理后的水质达到《生活垃圾填埋场污染物控制标准》（GB 16889—2008）中表 2 的标准。处理后出水泵入储水池中，一部分用于厂区绿化和道路的浇洒，剩余排水排放至雨水管网中。

膜工艺产生的浓缩液采取回灌方式，经吸污车收集后回灌至垃圾填埋场内。

3. 计量

垃圾运输车须先经过计量后，才能将垃圾卸至填埋区。待地中衡招标订货后，根据厂家实际条件进行施工。

4. 配套工程

填埋场界四周设置 8m 宽的防火隔离带，防火带范围内的植被必须清除，防火隔离带外侧设置 10m 宽的绿化带。

5. 环境保护与劳动保护

（1）填埋场应有灭蝇、灭鼠、防尘和除臭措施。填埋场区内，必须设立醒目的安全标牌或标记。

（2）填埋场内机电设备所产生的噪声，超过现行国家标准《工业企业场界噪声标准》规定时，应采取减震措施和隔声、防噪措施。

（3）填埋场的污染控制应符合国家标准《生活垃圾卫生填埋场污染控制标准》（GB 16889—2008）的要求。

（4）填埋场工程建设项目的环境污染防治设施必须与主体工程同时使用。

6. 填埋场验收

填埋场各项建筑、安装工程应按照国家相关标准及设计要求进行施工验收。

7. 未见事宜详见《生活垃圾卫生填埋技术规范》（CJJ 17—2004）、《生活垃圾卫生填埋场防渗系统工程技术规范》（CJJ 113—2007）及《生活垃圾填埋场污染控制标准》（GB 16889—2008），工程内容详述见说明书部分。

图号	6.13
图名	工艺总说明（示意）
比例	

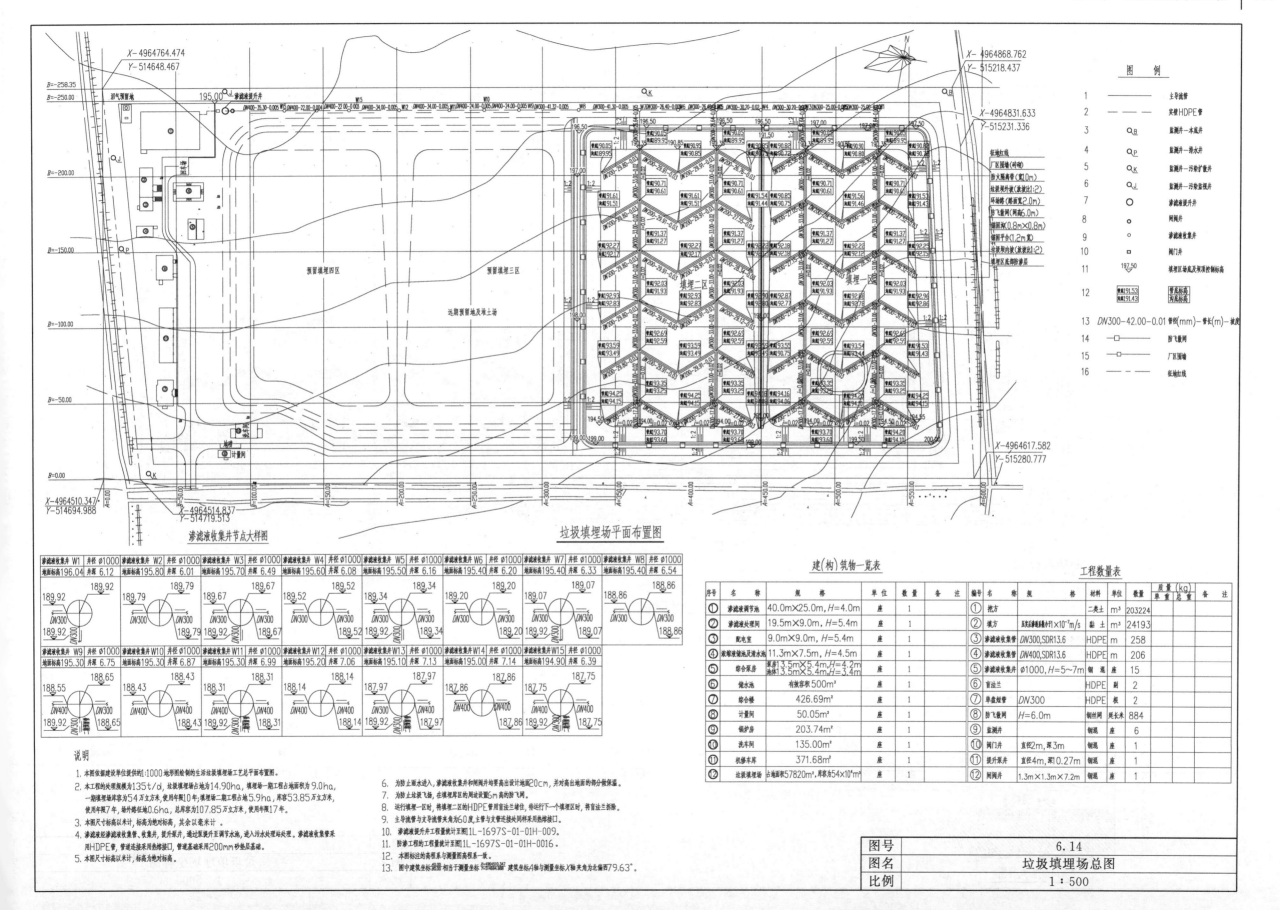

垃圾填埋场平面布置图

渗滤液收集井节点大样图

垃圾填埋场总图

图号	6.14
图名	垃圾填埋场总图
比例	1∶500

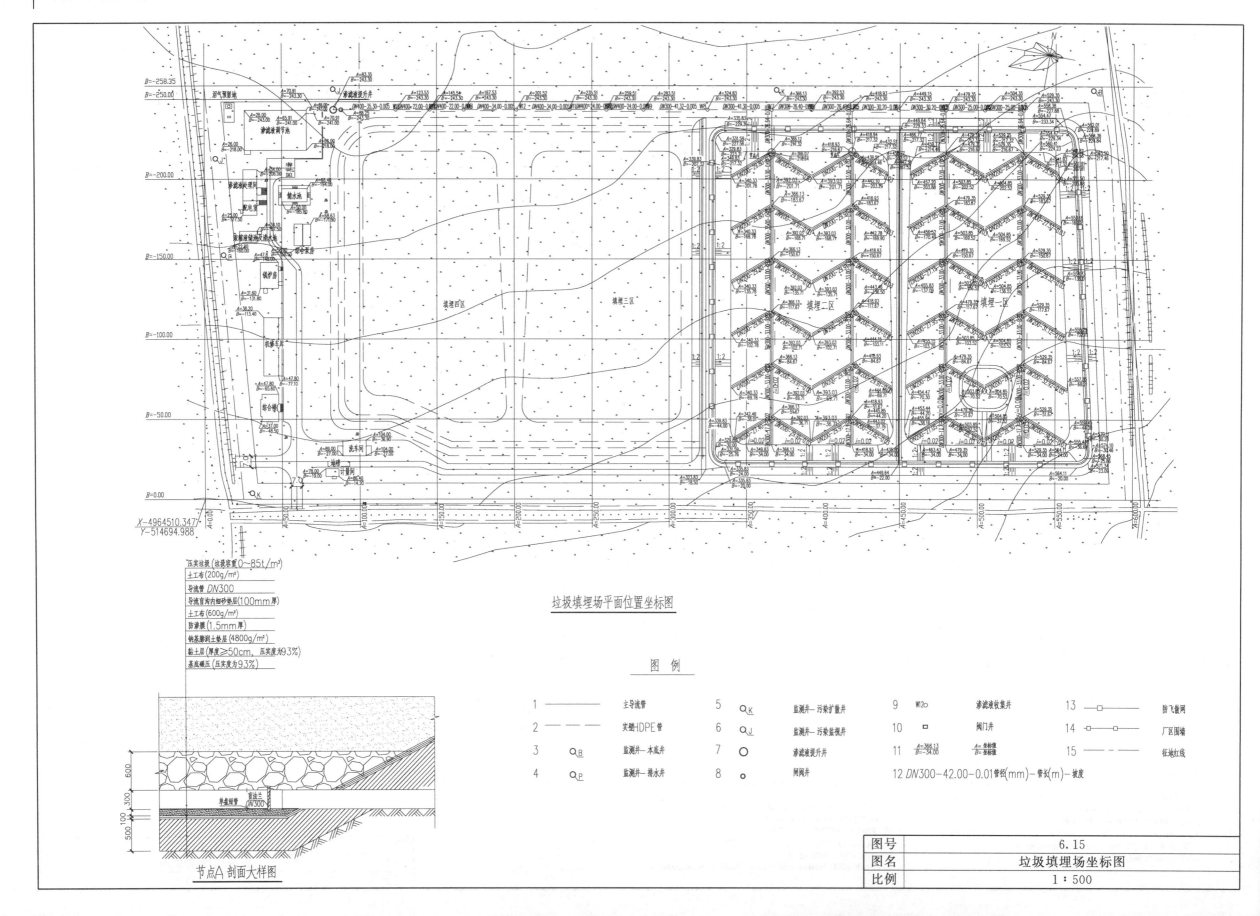

垃圾填埋场平面位置坐标图

图 例

1	——————	主导流管	5	⊙K	监测井—污染扩散井	9 W120	⊙	渗滤液收集井
2	— — —	实壁HDPE管	6	⊙J	监测井—污染监视井	10 □		阀门井
3	⊙B	监测井—本底井	7	○	渗滤液提升井	11	A=366.13 / B=34.00	A=坐标值 / B=坐标值
4	⊙P	监测井—排水井	8	○	阀网井	12 DN300-42.00-0.01	管径(mm)-管长(m)-坡度	
13	—□—	防飞散网						
14	—◇—	厂区围墙						
15	———	征地红线						

节点A 剖面大样图

图号	6.15
图名	垃圾填埋场坐标图
比例	1:500

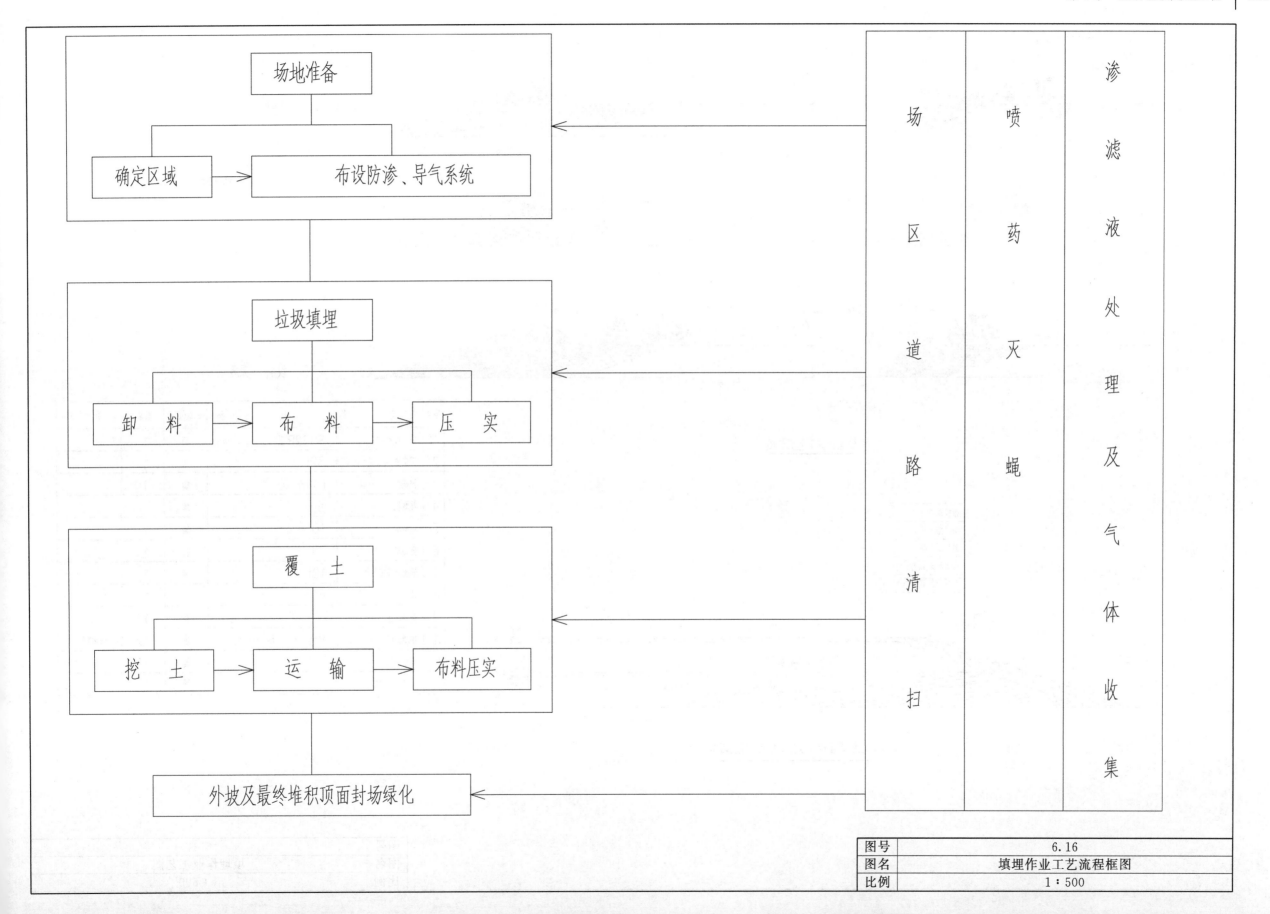

图号	6.16
图名	填埋作业工艺流程框图
比例	1：500

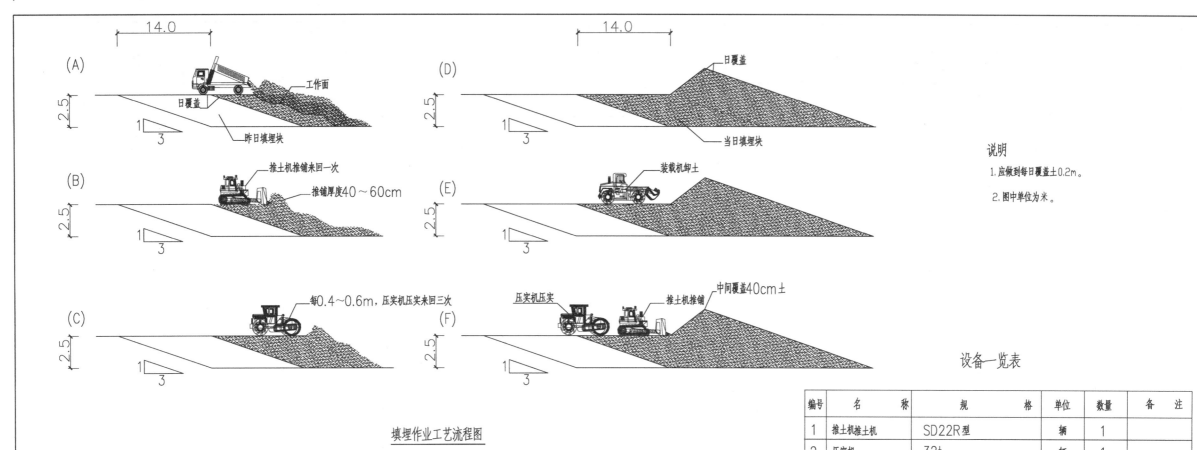

填埋作业工艺流程图

说明
1. 应做到每日覆盖土0.2m。
2. 图中单位为米。

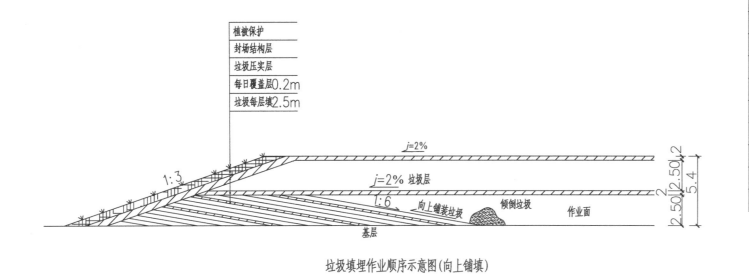

垃圾填埋作业顺序示意图(向上铺填)

设备一览表

编号	名　　称	规　　格	单位	数量	备　注
1	推土机推土机	SD22R型	辆	1	
2	压实机	32t	辆	1	
3	挖掘机	1.2m³	辆	1	
4	装载机	5t	辆	1	
5	自卸车	10t	辆	1	
6	吸污车	10t	辆	1	
7	洒水洒药车	10t	辆	1	
8	地中衡	60t	台	1	
9	洗车设备		套	1	
10	移动钢板	8m×8m,厚12mm	块	12	雨季填埋场使用
11	火炬系统		套	1	
12	客货两用车		辆	1	

图号	6.17
图名	填埋作业工艺图
比例	1：500

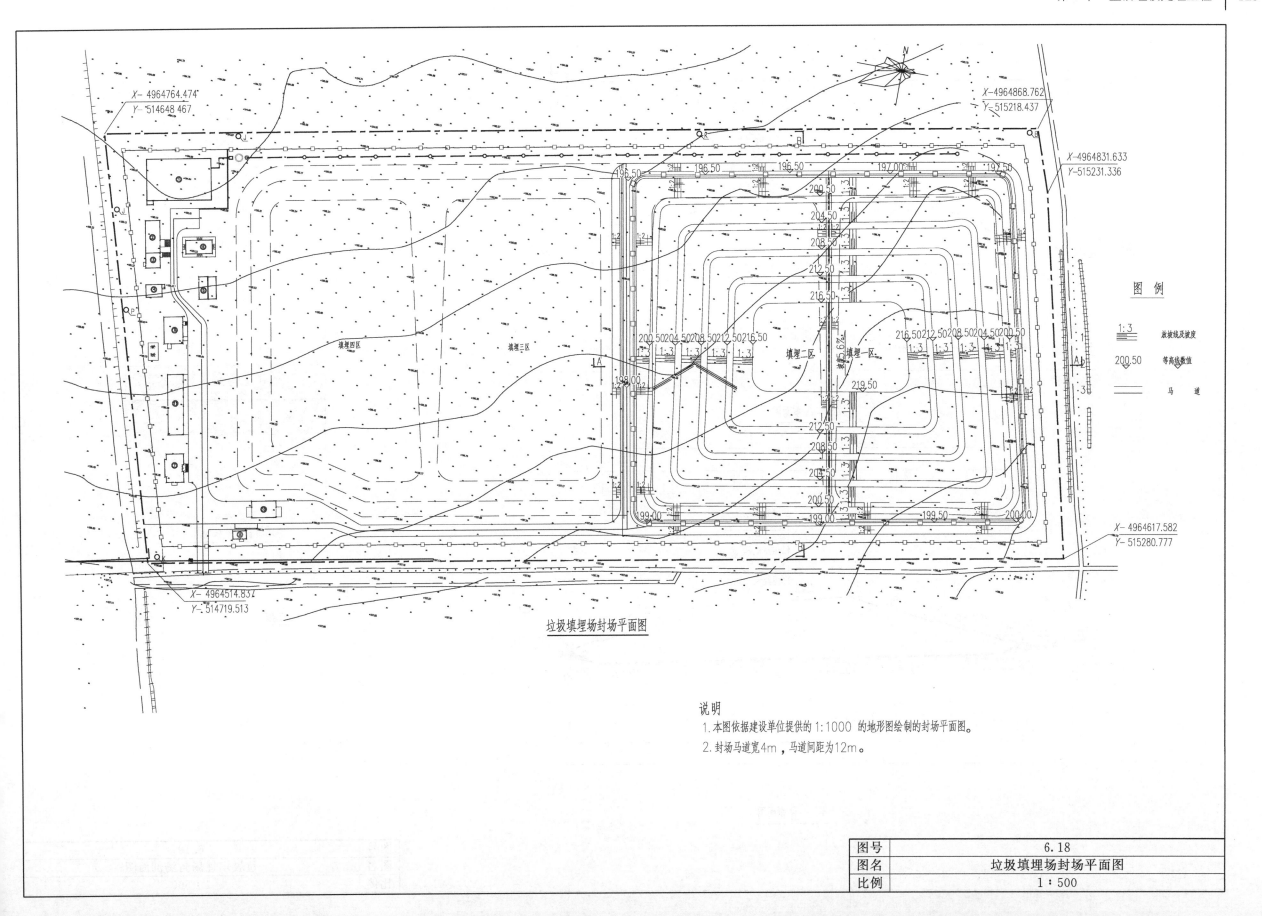

X-4964764.474
Y-514648.467

X-4964868.762
Y-515218.437

X-4964831.633
Y-515231.336

X-4964617.582
Y-515280.777

X-4964514.837
Y-514719.513

填埋四区

填埋三区

填埋二区

填埋一区

垃圾填埋场封场平面图

图 例

1:3	放坡线及坡度
200.50	等高线数值
	马 道

说明

1.本图依据建设单位提供的 1:1000 的地形图绘制的封场平面图。

2.封场马道宽4m，马道间距为12m。

图号	6.18
图名	垃圾填埋场封场平面图
比例	1：500

导流及防渗系统设计说明

一、防渗材料性能要求

（一）HDPE 土工膜性能要求

1. HDPE 土工膜厚度为 1.5mm，其性能指标应满足下表的要求，同时应符合《垃圾填埋场用高密度聚乙烯土工膜》(CJ/T 234—2006) 的规定。

1.5mmHDPE 土工膜性能指标

性能	单位	指标
屈服强度	N/mm	≥22
耐环境应力开裂	h	≥300
断裂伸长率	%	≥700
直角撕裂强度	N/mm	≥187
−70℃低温脆化温度		通过
水蒸气渗透系数	g·cm²/(cm·s·Pa)	≤1.0×10⁻¹³
炭黑含量	%	2～3
氧化诱导时间(高压 OIT)	min	≥400
尺寸稳定性	%	12

2. HDPE 土工膜规格尺寸及偏差：

（1）土工膜幅宽应≥，极限厚度偏差应控制在之内。

（2）土工膜产品颜色要求为黑色，外观质量等指标应符合 CJ/T 234—2006 的规定。

（3）除符合 CJ/T 234—2006 的规定外，产品应有国家认证的专门机构检测。

（4）填埋库区底部及边坡所有折角部位必须修圆，半径宜≥1m。

（5）土工膜施工应达到强度和防渗要求，局部不应产生下沉拉断现象。土工膜间接缝应采用热熔挤压焊接工艺联接，接缝必须避开折角部位，接缝搭接宽度宜为 100mm，接缝处焊接应通过试验、检验。

（二）土工布性能要求

1. 土工布制造原材料

本工程中土工布原材料推荐采用为抗氧化性和紫外线强的长丝纺粘刺非织造土工布。

2. 土工布材料外观质量要求：

土工布外观质量需逐卷进行检验和评定，每卷土工布不得出现孔洞和破损；外观疵点不得出现下表中的重缺陷，轻缺陷每 200m² 不超过 5 个。

3. 长丝无纺土工布技术指标

600g/m² 长丝无纺土工布技术参数表

序号	项目	单位	指标
1	单位面积质量偏差	%	−4
2	厚度	mm	≥4.2
3	幅宽偏差	%	−0.5
4	断裂强力	kN/m	≥30.0
5	断裂伸长率	%	40～80
6	CBR 顶破强力	kN	≥5.5
7	垂直渗透系数	cm/s	0.001～1
8	等效孔径	mm	0.07～0.2
9	撕破强力	kN	≥0.82

序号	疵点名称	轻缺陷	重缺陷
		轻微	严重
1	布面不匀，折痕	软质，粗≤5mm	硬质；软质，粗＞5mm
2	杂物，僵丝	≤300cm 时，每 50cm 计一处	＞300cm
3	边不良		

200g/m² 长丝无纺土工布技术参数表

序号	项目	单位	指标
1	单位面积质量偏差	%	−6
2	厚度	mm	≥1.6
3	幅宽偏差	%	−0.5
4	断裂强力	kN/m	≥10
5	断裂伸长率	%	40～80
6	CBR 顶破强力	kN	≥1.8
7	垂直渗透系数	cm/s	0.001～1
8	等效孔径	mm	0.07～0.2
9	撕破强力	kN	≥0.28

4. 长丝无纺土工布其他技术指标应满足《土工合成材料 长丝纺粘针刺非织造土工布》(GB/T 17639—2008) 的要求。

5. 碎石导流层铺设的土工布沿上口两端均延伸 2.0m。

（三）钠基膨润土垫性能要求

序号	项目	指标
1	膨润土膨胀指标	24mL/2g(最少)
2	膨润土水分流失	18mL(最多)
3	膨润土质量/面积	4.8kg/m
4	抗拉强度	800N
5	抗剥强度	65N/10cm
6	流量指标	1×10m/m·s
7	透水系数	5×10cm/s
8	含水内剪强度	500psf(24kPa)(代表值)
	厚度	6mm
	上层非织造无纺布克重(白色)	≥220g/m
	下层塑料扁丝编织土工布克重(黑色)	≥125g/m
	幅宽	≥6m

1. GCL 性能参数应经国家权威检测机构检验，每卷的长度不小于 30m 长。

2. GCL 搭接时，膨润土垫应完全覆盖在地面上没有空隙，并防止地基土进入搭接区。纵向搭接长度≥250mm，横向搭接长度≥600mm。搭接区膨润土的最小用量为 0.4kg/m。

3. GCL 的其他指标（如外观质量等）及未尽事宜参见《钠基膨润土防水毯》(JG/T 193—2006) 的要求。

（四）复合排水网

侧面用复合排水网技术参数表

项目		材料	测试方法	单位	指标	备注
土网工芯	材料				HDPE	
	结构类型				三维结构	
	厚度，σᵥ=20kPa		ASTMD5199	mm	≥5.0	
复合排水网	导水率，σᵥ=500kPa，J=0.1		ASTMD4716	m/s	≥1.0×10	
	纵向抗拉强度		ASTMD4596	kN/m	16	
	土工布单位面积质量		GB/T 14799	g/m²	200	

复合排水网为三维结构，网芯密度不小于 0.94g/m²，幅宽不小于 2m，每卷长度不小于 30m，土工布的标准参见 GB/T 17639—2008 的要求。

（五）HDPE 管材

库区内 HDPE 管材和穿坝管选用 PE100 级，渗滤液收集管和提升管选用 PE80 级，管材颜色为黑色；管材的内外表面应清洁、光滑，不允许有气泡。明显的划伤、凹陷、杂质、颜色不均等缺陷。管端头应切割平整，并与管轴线垂直。

项 目	PE80 指标	PE100 指标
断裂伸长率/%	≥350	≥350
纵向回缩率(110℃)/%	≤3	≤3

		PE80	PE100
液压试验	温度：20℃	环向应力：9.0MPa	环向应力：12.4MPa
	时间：100h	100h 管材不破坏，不渗漏	100h 管材不破坏，不渗漏
	温度：80℃	环向应力：4.6MPa	环向应力：5.5MPa
	时间：165h	165h 管材不破坏，不渗漏	165h 管材不破坏，不渗漏
	温度：80℃	环向应力：4.0MPa	环向应力：5.0MPa
	时间：1000h	1000h 管材不破坏，不渗漏	1000h 管材不破坏，不渗漏

（六）软式透水管

本工程采用的软式透水管规格为 FH200 JC 973—2004，材料的外观要求无断裂。无孔洞、无明显疵纱，钢丝保护材料无脱落，钢丝骨架与管壁联结为一体。

软式透水管规格为 FH200 JC 973—2004 的其他技术要求参见右侧表格所列项目。

软式透水管的其他技术要求表

序号	项 目	指标
1	外径尺寸允许偏差	±6.0mm
2	构造要求	
	钢丝直径	≥5.0mm
	钢丝间距	≥19 圈/m
	保护层厚度	≥0.42mm
3	滤布性能表	
	纵向拉伸强度	≥1.0kN/5cm
	纵向伸长率	≥12%
	横向拉伸强度	≥0.8kN/5cm
	横向伸长率	≥12%
	圆球顶破强度	≥1.1kN
	CBR 顶破强力	≥2.8kN
	渗透系数 K₂₀	≥0.1cm/s
	等效孔径 O95	≥0.06～0.25mm
4	耐压扁平率	
	≥1%	≥4000N/m
	≥2%	≥4800N/m
	≥3%	≥6800N/m
	≥4%	≥8400N/m
	≥5%	≥9200N/m

二、防渗导流系统设计说明

1. 渗滤液收集系统采用导流层，导流层所用碎石应是经过严格筛选后的级配石料。因为渗滤液对 CaCO₃ 有溶解性，可能导致导流层堵塞，所以要求碎石成分中 CaCO₃ 含量应不大于 10%，石料的渗透系数不应小于 1.0×10⁻³ cm/s。

2. 填埋场库区渗滤液收集管道均采用 HDPE 穿孔管，穿垃圾坝的导流管采用 HDPE 管。

3. 渗滤液收集管道铺设高程系统与填埋场总图高程系统一致。

4. 渗滤液收集管道铺设时若现场实地放线与图示坐标有误差时，对现场相关位置及距离进行核实后可与设计院沟通后做适当调整。

5. 渗滤液收集管道的坡度与防渗膜铺设后的场底坡度不一致时，须用粗砂做垫层找平后再铺设管道。

6. 渗滤液导排管道采用 HDPE 穿孔管，连接方式为采用焊接；HDPE 管和垃圾坝迎垃圾面铺设的 HDPE 膜采用焊接方式连接。

7. 渗滤液导流管道连接之前须将管道内清理干净，不得将任何可能堵塞管道的物质留在管道内。

8. 调节水池内渗滤液进入渗滤液处理间处理。

9. 防渗系统材料施工、贮存过程中，应做好材料表面防护，不得直接受日光照射。

10. 其他未尽事宜均按国家有关规定、规范进行。

图号	6.28
图名	垃圾填埋场导流及防渗系统说明
比例	1:500

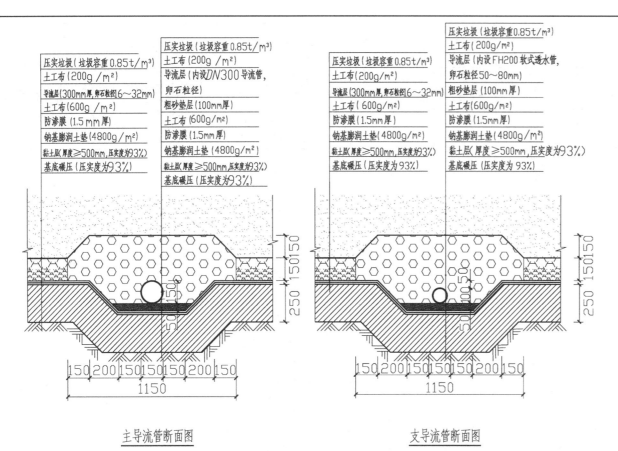

主导流管断面图 支导流管断面图

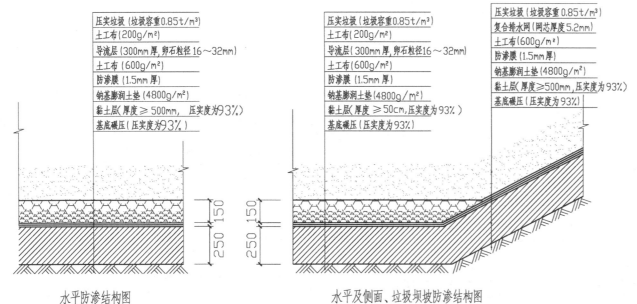

水平防渗结构图 水平及侧面、垃圾坝坡防渗结构图

工程数量表

编号	名 称	规 格	材料	单位	数量	质量(kg) 单重	质量(kg) 总重	备 注
1	防渗膜	幅宽≥6.5m，厚1.5mm	HDPE	m²	55164			
2	土工布	600g/m²，幅宽≥4m	聚酯长丝	m²	55164			
3	土工布	200g/m²，幅宽≥4m	聚酯长丝	m²	38523			灰色
4	钠基膨润土垫	4800g/m²，幅宽≥6m	膨润土	m²	56235			
5	支导流软(软式透水管)	HF200，钢丝直径≥4.5mm	钢丝、无纺布	m	1512			
6	主导流管	DN300，SDR13.6	HDPE	m	773			穿孔
7	复合排水网	幅宽≥2m，网芯厚度≥5.2mm	HDPE	m²	16963			铺设在侧面
8	卵石	粒径16～24mm	卵石	m³	5333			导流层下层15cm
9	卵石	粒径24～32mm	卵石	m³	5333			导流层上层15cm
10	卵石	粒径50～80mm	卵石	m³	2447			铺设在渗滤液导流盲沟
11	粗砂垫层		粗砂	m³	240			铺设在盲沟底面
12	袋装土	散土	土	m³	80			2100个编织袋
13	穿坝管	DN300，SDR13.6	HDPE	m	113			实壁

说明

1. 场区草皮、树根等必须清除，使场基础座在具有承载能力的自然土层上，保证基底压实度不小于93%。

2. 图中尺寸单位均以mm计。

3. 铺设防渗膜接缝必须焊严、粘实，确保不渗漏。

4. 导流层级配卵石采用下层15cm，粒径为24～32mm，上层15cm，粒径为16～24mm。

5. 导流层盲沟部分的卵石粒径50～80mm，在导流管的管下铺设100mm厚的粗砂垫层。

6. 导流管采用焊接。

7. 防渗膜、长丝土工布、钠基膨润土垫、HDPE管材、复合排水网等主要性能指标参见详细图纸"导流及防渗系统设计说明"。

8. 原土碾压要求防渗材料垂直向下2.5cm内不应含有粒径大于5mm的尖锐物料。

9. 袋装土用于对边坡复合排水网进行固定，防止大风将排水网吹起造成排水网的破坏。

图号	6.29
图名	垃圾填埋场导流及防渗系统断面图
比例	1：500

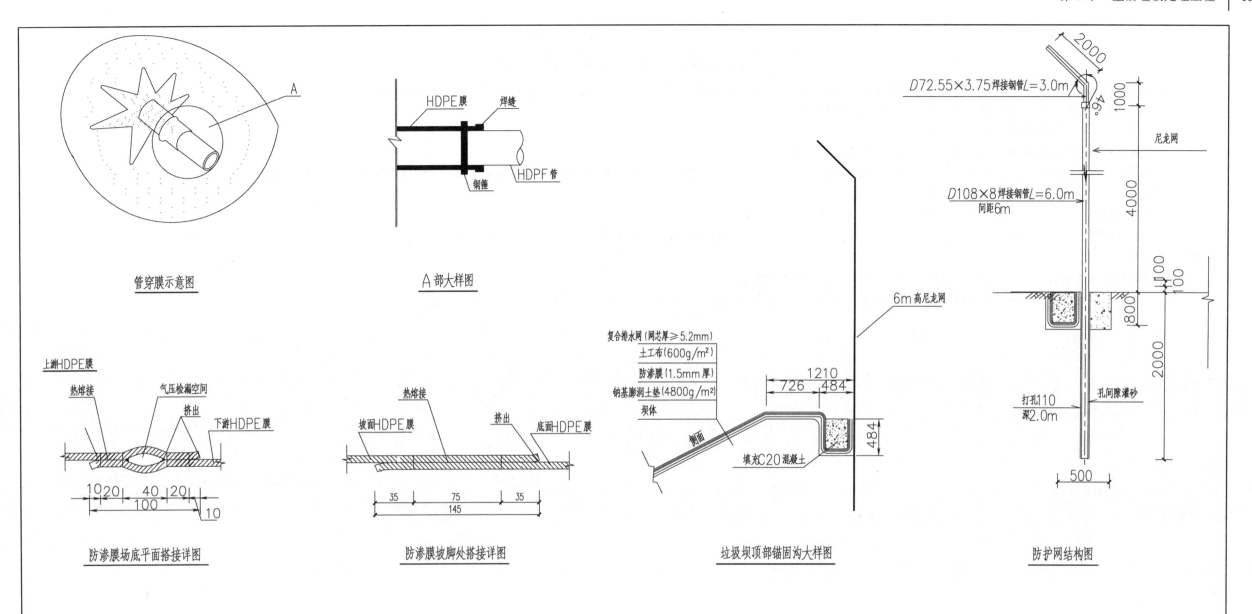

管穿膜示意图

A 部大样图

防渗膜场底平面搭接详图

防渗膜坡脚处搭接详图

垃圾坝顶部锚固沟大样图

防护网结构图

说明

1.本图尺寸单位均以毫米计.

2.管穿膜其施工要点为:先用HDPE膜制作一个成喇叭状的管套,小半径与穿膜管口径一致,大半径在0.8m左右(具体尺寸安装时再确定)并分成6~8小片,然后把管套按由大到小的先后顺序套进穿坝管,根据现场实际情况调整好管套的位置并用热风筒进行临时固定,此时应注意不能让管套有悬空的部位,最后分别把套管的大、小套口焊接在防渗层HDPE膜面和渗滤液收集管上,且在HDPE收集管另加不锈钢箍.

图号	6.30
图名	导流及防渗系统连接大样及防飞网大样图
比例	1∶100

气体导排及收集系统施工设计说明

1. 为使垃圾填埋过程中产生的填埋气能够及时排出，使填埋场避免发生火灾和爆炸事故，确保填埋场安全运行，设置了填埋气导排系统。

2. 导渗排气井高程与填埋场高程系统一致，导渗排气井坐标与总图坐标系统一致。

3. 导渗排气井内的气体收集管采用聚烃管。

4. 穿过封场层的排气管采用 PE100（SDR13.6）高密度聚乙烯管。

5. 导渗排气井采用可提升的钢制模具方式建造，井的高度随填埋高度的升高而提升建造。导气管连接采用 4 个尼龙扎带绑定，管道连接固定后，将土工格栅、土工布围在钢模具内壁，然后向气体收集管与土工格栅、土工布之间填充均匀的级配碎石，粗径 50～80mm。

6. 在垃圾填埋过程中，导渗排气井应始终保持高出垃圾堆体 2.0m 以上，填埋场封场后，排气管穿过封场层。

7. 填埋场填埋垃圾期间，导气管上应放置防护罩，避免垃圾及其他杂物掉入收集管内，在导渗排气井周围进行垃圾填埋作业时，应在导渗排气井周围均匀堆放垃圾后再进行碾压操作，以防导渗排气井倾斜。

8. 填埋场投入使用后，应定期监测填埋区大气中甲烷浓度，当甲烷含量较高时（达到 5％～15％时），将收集的气体焚烧。

9. 其他未尽事宜按照《生活垃圾填埋场填埋气体收集处理及利用工程技术规范》（CJJ 133—2009）及国家有关规定、技术规范进行。

图号	6.31
图名	气体导排系统施工设计说明
比例	示意

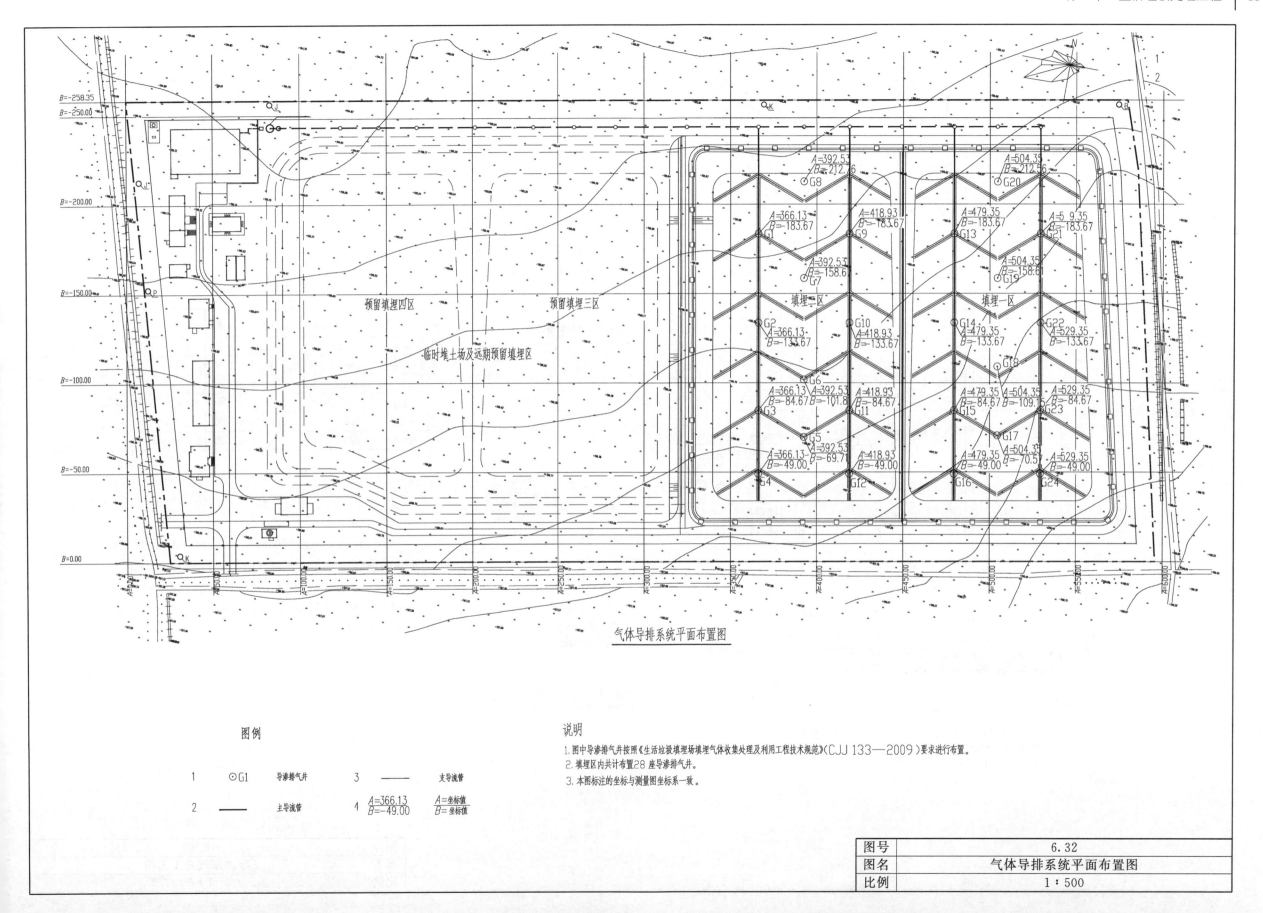

气体导排系统平面布置图

图例

| 1 | ⊙G1 导渗排气井 | 3 | ——— 支导流管 |
| 2 | ——— 主导流管 | 4 | $A=366.13$ $A=$坐标值 $B=-49.00$ $B=$坐标值 |

说明

1. 图中导渗排气井按照《生活垃圾填埋场填埋气体收集处理及利用工程技术规范》（CJJ 133—2009）要求进行布置。

2. 填埋区内共计布置28座导渗排气井。

3. 本图标注的坐标与测量图坐标系一致。

图号	6.32
图名	气体导排系统平面布置图
比例	1：500

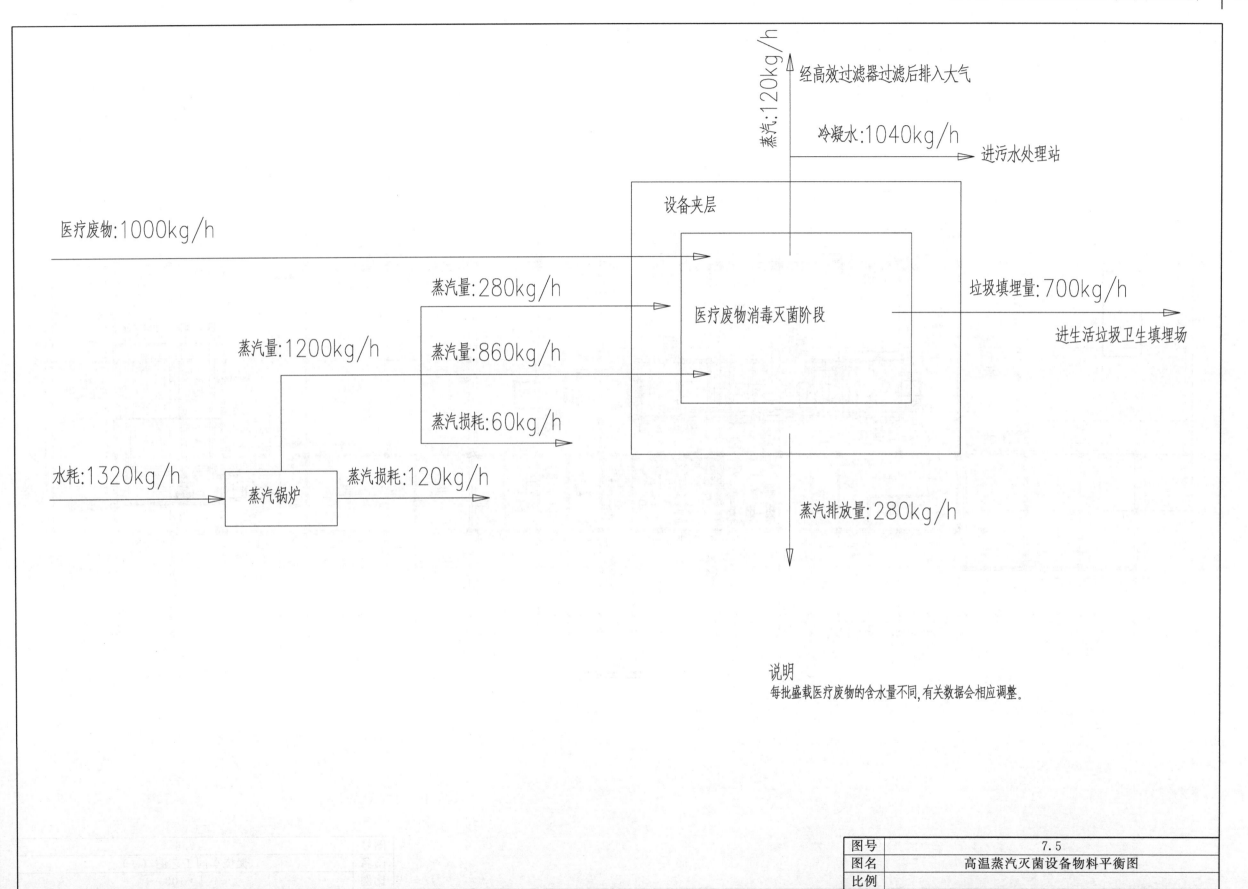

说明
每批盛载医疗废物的含水量不同, 有关数据会相应调整。

图号	7.5
图名	高温蒸汽灭菌设备物料平衡图
比例	

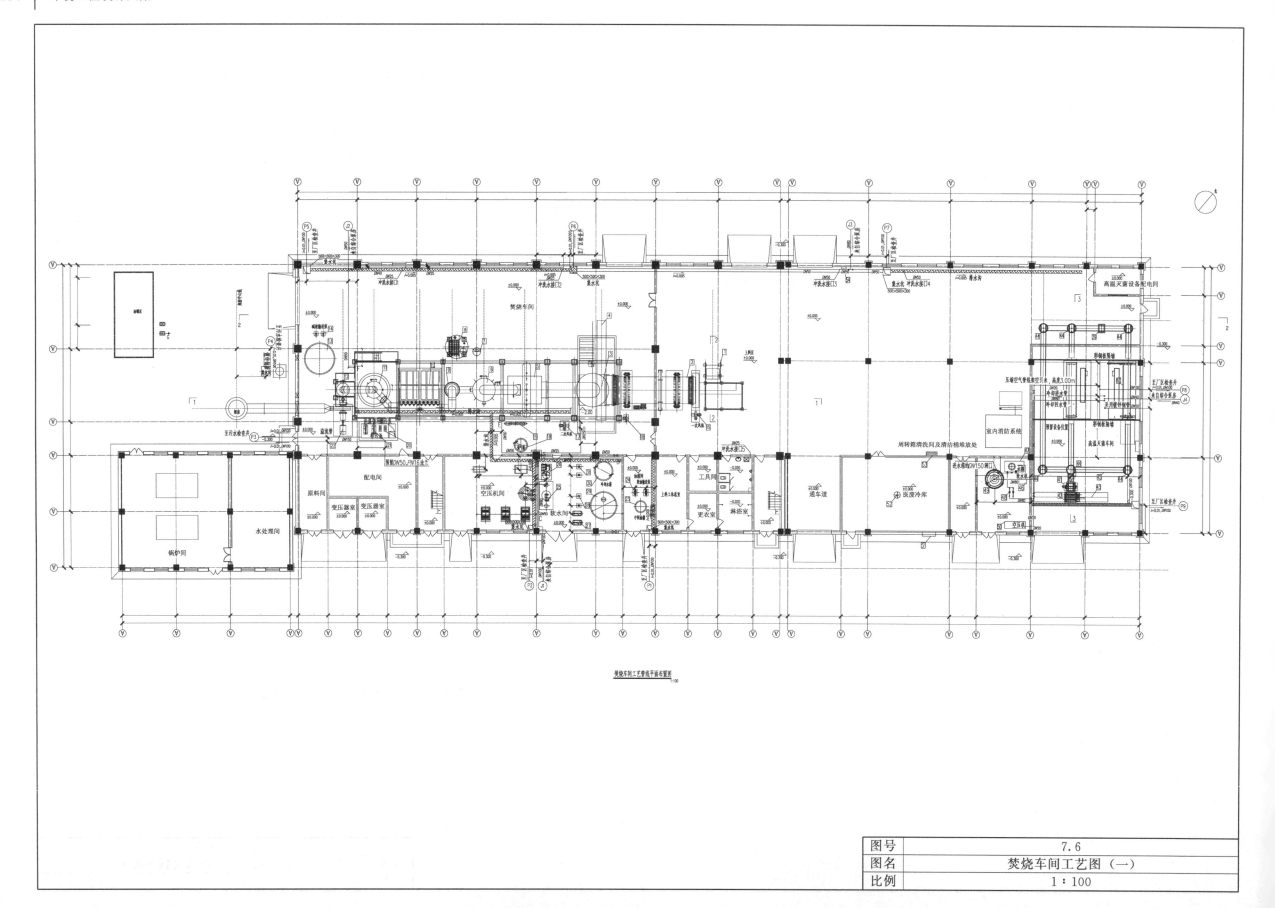

焚烧车间工艺管线平面布置图

图号	7.6
图名	焚烧车间工艺图（一）
比例	1：100

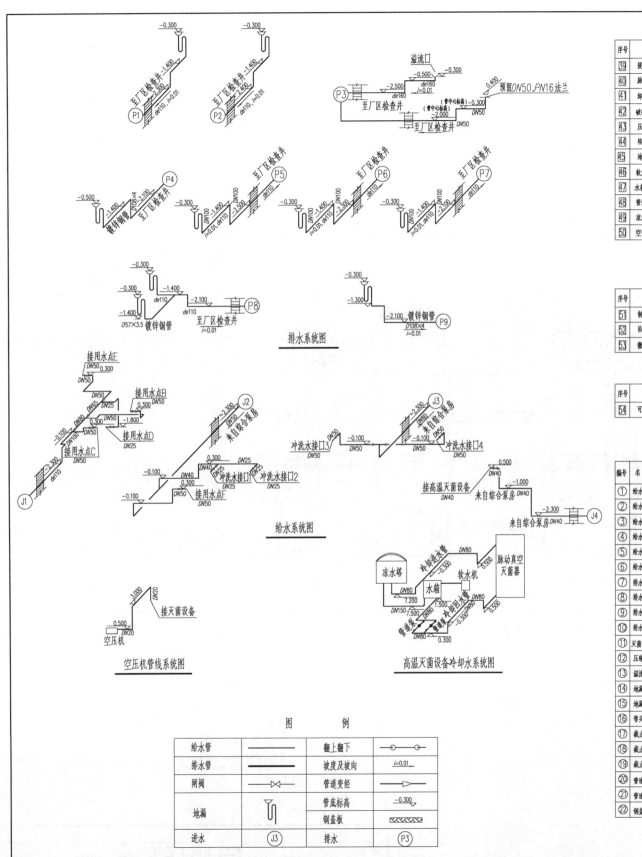

排水系统图

给水系统图

空压机管线系统图

高温灭菌设备冷却水系统图

高温蒸汽灭菌设备一览表

序号	名称	规格	单位	数量	备注
39	提升机		台	16	
40	脉动真空灭菌器		台	2	
41	卸料机		台	1	
42	破碎机		台	1	
43	压缩打包机		台	1	
44	转盘		套	6	
45	地铁		套	1	
46	软水机		套	1	
47	水箱		座	1	
48	管道泵		台	2	
49	冷水塔		座	1	
50	空气压缩机		台	1	

回转窑设备一览表

序号	名称	规格	单位	数量	备注
1	提升机	功率3.0kW	台	1	
2	回转窑	$\varnothing2.8\times10$, 18.5kW	台	1	
3	二燃室	$\varnothing3.62\times15.4$		1	
4	出渣机	3m³/h, 功率2.2kW	台	1	
5	余热锅炉	1.6MPa,204°C,2.85t/h		1	
6	急冷塔	$\varnothing2.5\times14.0$	座	1	
7	活性炭仓	$\varnothing1.0\times1.0$		1	
8	石灰仓	25m³		1	
9	干式脱酸塔	$\varnothing1.54\times8.2$	座	1	
10	布袋除尘器	过滤面积700m²	台	1	
11	洗涤塔	本体$\varnothing1.82\times8.3$,水槽$\varnothing3.1\times5.6$		1	
12	烟气加热器	$\varnothing1.42\times6.2$	台	1	
13	碱液罐	30m³		1	
14	碱液输送泵	流量360L/h,扬程0.6MPa,软轴0.75kW	台	2	
15	一次风机	功率5.5kW,风量7419m³/h,全压2014~1320Pa	台	1	
16	冷却风机	功率2.2kW,风量588~351m³/h,全压1300~792Pa	台	1	
17	二次风机	功率11kW,风量5963~4792m³/h,全压6651~4256Pa	台	1	
18	储气罐	3m³		1	
19	分汽缸	$\varnothing219\times10$, L=2.5m		1	
20	排污泵	流量4m³/h,扬程30m,功率2.2kW	台	2	
21	洗涤循环泵	流量50m³/h,扬程32m,功率11kW	台	2	
22	引风机	功率110kW,风量34126~36189m³/h,全压7009~7747Pa	台	1	
23	中间油箱	1m³	个	1	
24	柴油输送泵	1.5kW,流量3.3m³/h,扬程加压0.33MPa	台	2	
25	软水器	10t/h,双罐,玻璃钢		1	
26	加药装置	能力0~1kg/h		1	
27	窑头冷却泵	Q=25m³/h,H=38m,7.5kW		2	
28	锅炉给水泵	4m³/h,H=190m,5.5kW		2	
29	软化水箱	20m³	个	1	
30	冷却水箱	6m³		1	
31	风机冷却泵	8m³/h,H=18m,1.5kW		2	
32	空压机	4.75m³/min,0.7MPa,65dB,30kW		3	
33	冷干机	额定处理量12m³/min		1	
34	吸干机	处理量3.5m³/min		1	
35	排污扩容器	0.7m³,0.6MPa		1	
36	冷却塔	50m³/h,功率2.2×2kW	座	1	
37	输油泵	1.5kW,流量3.3m³/h,扬程加压0.33MPa		2	
38	油罐	20m³	个	1	

冷库设备一览表

序号	名称	规格	单位	数量	备注
51	制冷机组	15P	套	1	
52	吊顶风机	DD140	台	1	
53	微电脑电控箱		台	1	

洗车设备一览表

序号	名称	规格	单位	数量	备注
54	可移动式高压冲洗泵	喷射压力7MPa,水量20L/min	套	1	

工程数量表

编号	名称	规格	材料	单位	数量	质量(kg)单重	总重	备注
①	给水管	de110	PE	m	4.0			
②	给水管	DN80	PE	m	10.4			
③	给水管	DN65	PE	m	6.6			
④	给水管	DN50	PE	m	41.0			
⑤	给水管	DN40	PE	m	6.1			
⑥	给水管	DN25	PE	m	25.6			
⑦	排水管	de160	HDPE	m	22.0			
⑧	排水管	de110	HDPE	m	21.0			
⑨	排水镀锌管	D108×4	钢	m	3.1			
⑩	排水镀锌管	D57×3.5	钢	m	7.0			
⑪	灭菌设备冷却水管	DN80	HDPE	m	53.8			
⑫	压缩空气管	DN20	钢	m	26.0			
⑬	溢流口	DN150	钢	个	1			
⑭	地漏	DN100	铁	个	7			
⑮	地漏	DN50	铁	个	1			
⑯	弯头	DN150	HDPE	个	3			
⑰	截止阀	DN80	钢	个	2			
⑱	截止阀	DN50	钢	个	6			
⑲	截止阀	DN40	钢	个	1			
⑳	管道支架	DN80	钢	个	5			03S402-53
㉑	管道支架	DN20	钢	个	4			03S402-49
㉒	钢盖板	宽300mm	钢	m²	40.4			

图 例

给水管		翻上翻下	
排水管		坡度及坡向	i=0.01
闸阀		管道变径	
地漏		管底标高	-0.300
进水	J3	排水	P3

说明

1. 本图尺寸标高（绝对标高）以米计，其余以毫米计。
2. 本图工程量统计至建筑物外墙外1m。
3. 室内淋浴间及卫生间的给排水图见图12L-1714S-01-03R-007。
4. 焚烧车间内回转窑设备、高温蒸汽灭菌设备工艺流程见图12L-1714S-01-02S-001和图12L-1714S-01-02S-002。
5. 系统图中0.00m标高相当于厂区内标高190.10m。
6. 系统图中排水管为管底标高，给水管为管中心标高。

图号	7.7
图名	焚烧车间工艺图（二）
比例	1:50

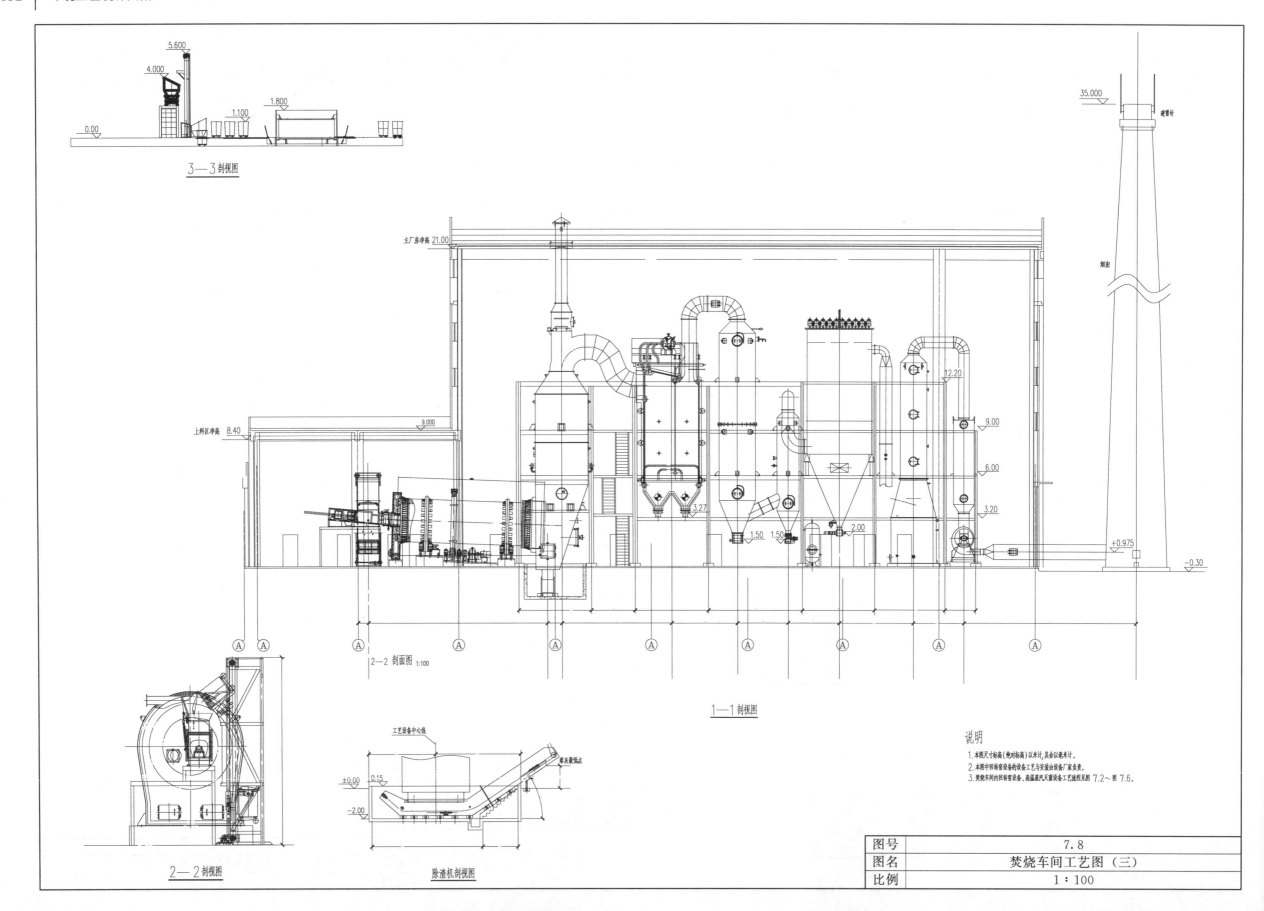

3—3 剖视图

主厂房净高 21.00

上料区净高 8.40

2—2 剖面图 1:100

1—1 剖视图

2—2 剖视图

除渣机剖视图

说明
1. 本图尺寸标高（绝对标高）以米计，其余以毫米计。
2. 本图中回转窑设备的设备工艺与安装由设备厂家负责。
3. 焚烧车间内回转窑设备、高温蒸汽天窗设备工艺流程见图 7.2～图 7.6。

图号	7.8
图名	焚烧车间工艺图（三）
比例	1：100

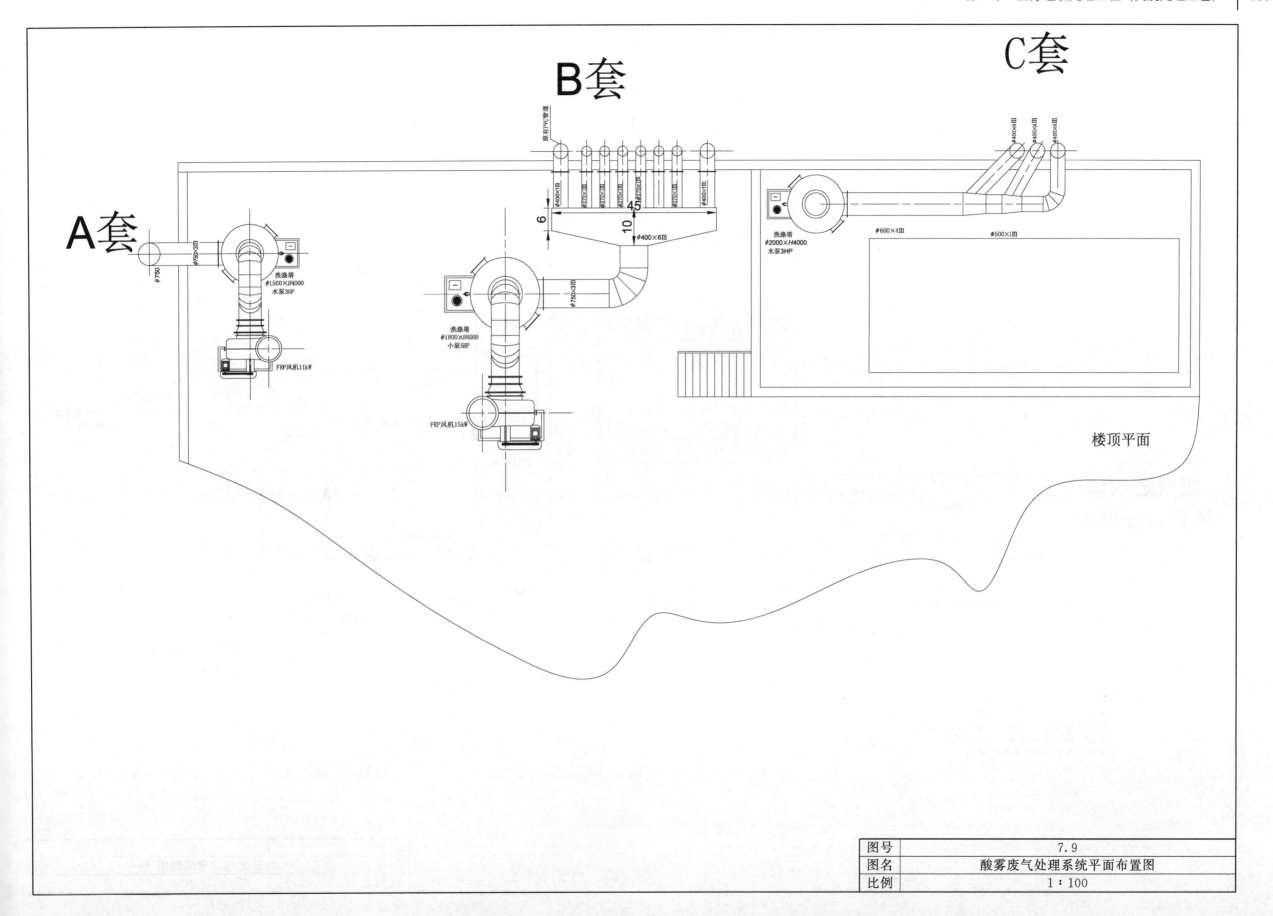

图号	7.9
图名	酸雾废气处理系统平面布置图
比例	1:100

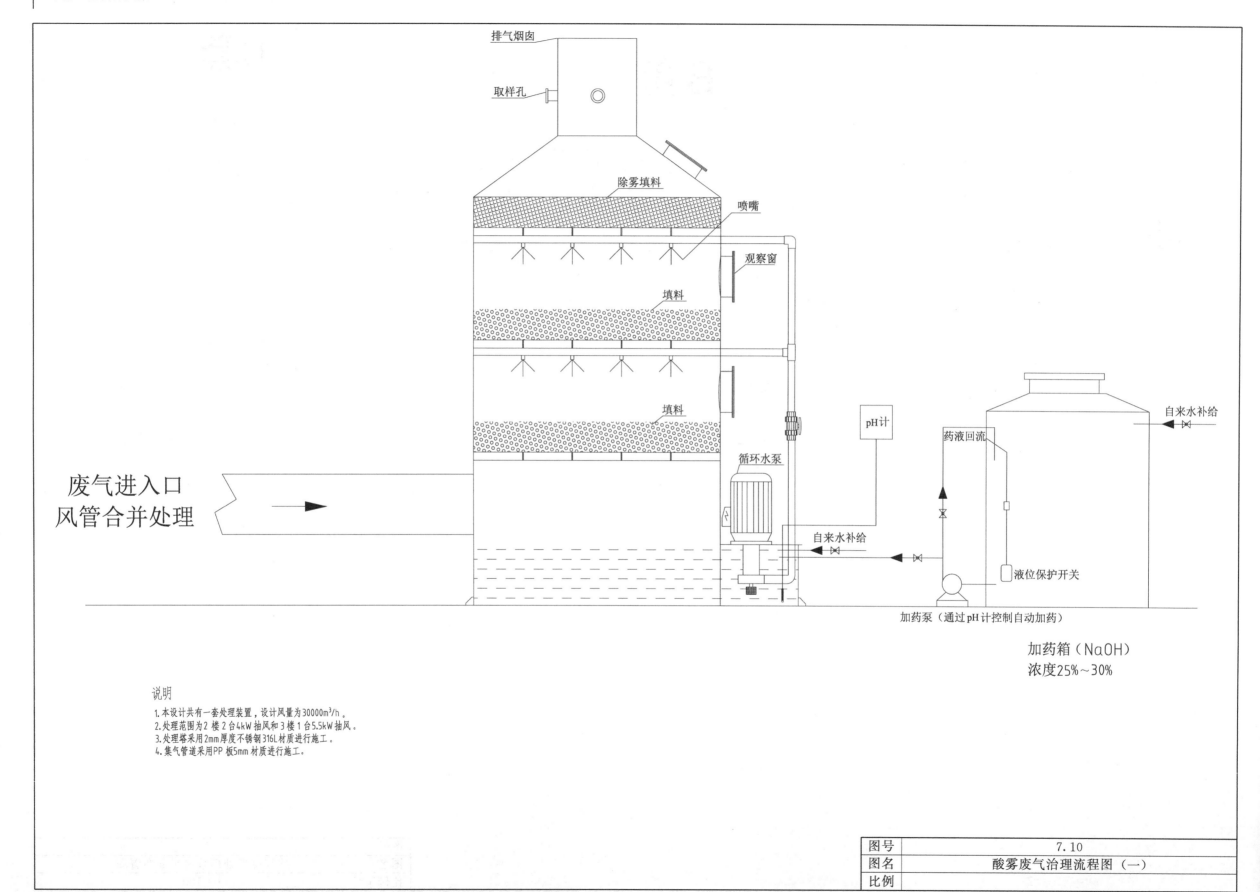

排气烟囱

取样孔

除雾填料

喷嘴

观察窗

填料

填料

pH计

废气进入口
风管合并处理

循环水泵

自来水补给

自来水补给

药液回流

自来水补给

液位保护开关

加药泵（通过pH计控制自动加药）

加药箱（NaOH）
浓度25%~30%

说明
1. 本设计共有一套处理装置，设计风量为30000m³/h。
2. 处理范围为2楼2台4kW抽风和3楼1台5.5kW抽风。
3. 处理塔采用2mm厚度不锈钢316L材质进行施工。
4. 集气管道采用PP板5mm材质进行施工。

图号	7.10
图名	酸雾废气治理流程图（一）
比例	

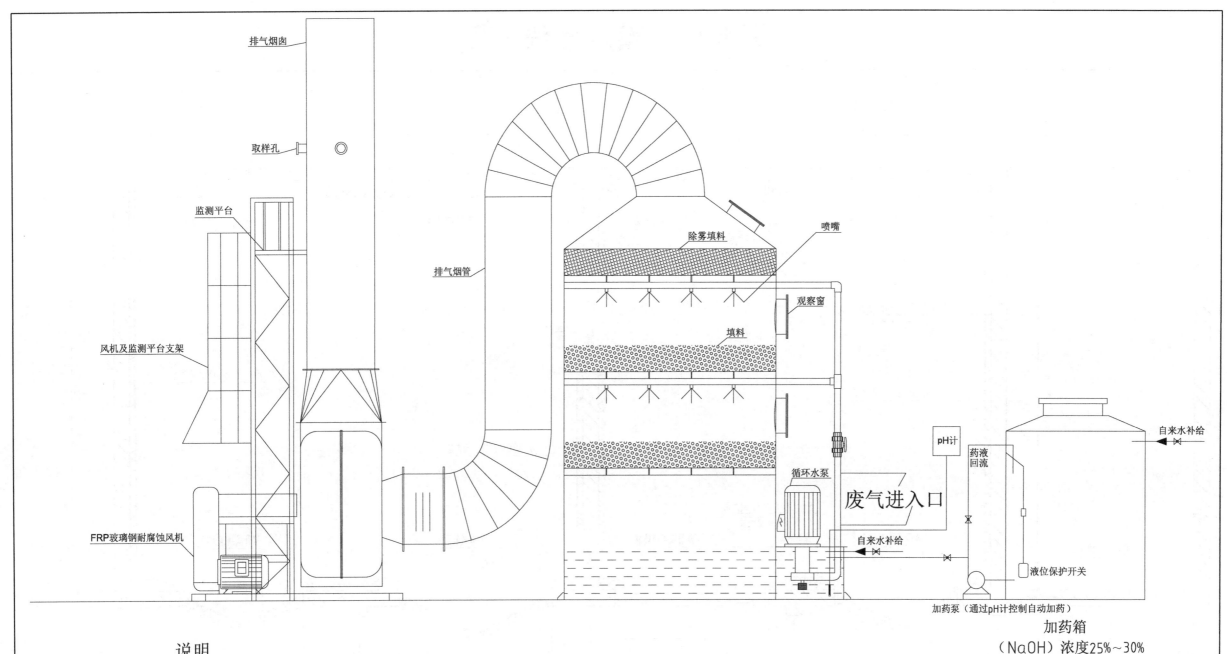

说明

本设计共有两套处理装置，设计风量分别为：3500m³/h，处理范围为2楼5条风管和3楼3条风管；15000m³/h处理范围为1楼研磨和浸泡槽工序的局部抽风；处理塔采用2mm厚度不锈钢316L材质进行施工；集气管道采用PP板5mm厚材质进行施工。

图号	7.11
图名	酸雾废气治理流程图（二）
比例	1∶100

第8章 噪声处理工程

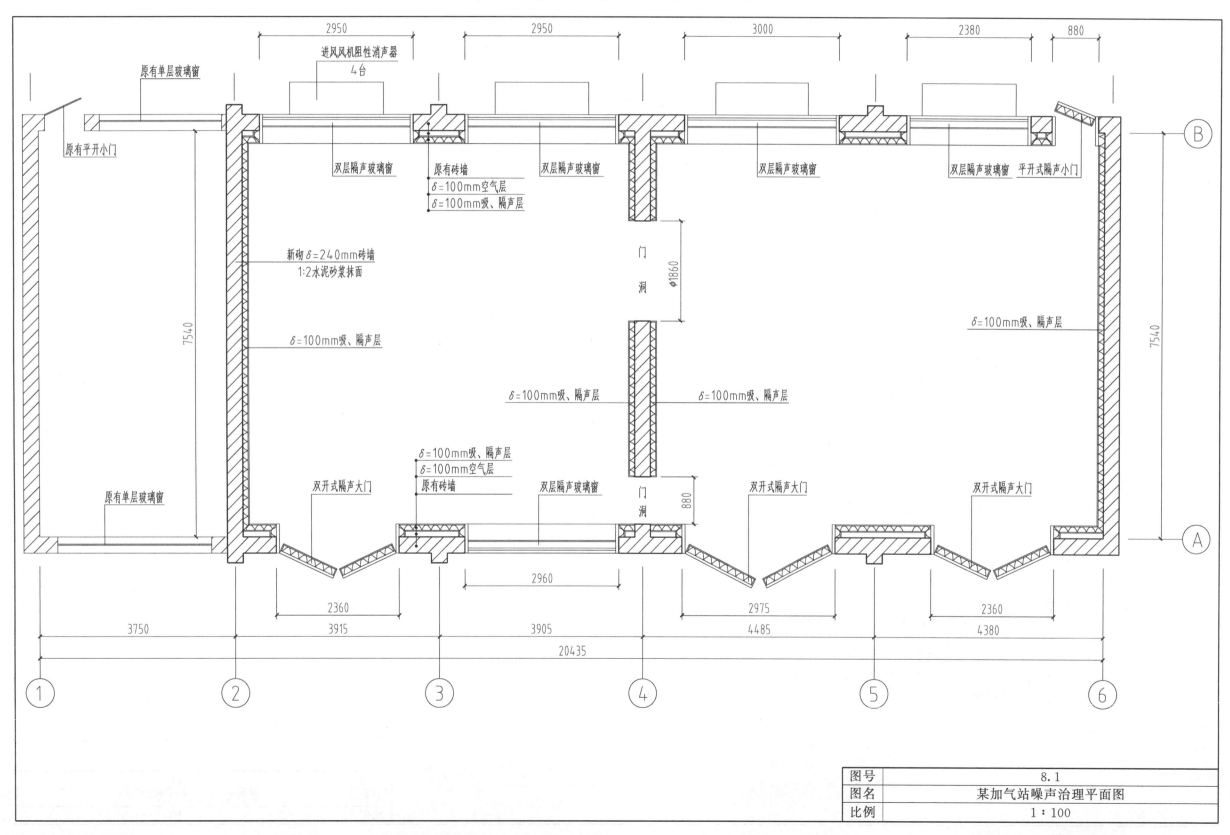

图号	8.1
图名	某加气站噪声治理平面图
比例	1：100